MEU FILHO TÁ *ONLINE* DEMAIS

Dra. Ana Escobar

MEU FILHO TÁ ONLINE DEMAIS

EQUILIBRANDO O USO DAS TELAS NO DIA A DIA FAMILIAR

Copyright © Editora Manole Ltda., 2024, por meio de contrato com a autora.

Projeto gráfico: Departamento Editorial da Editora Manole
Diagramação: HiDesign Estúdio
Ilustrações: Freepik
Capa: Departamento de Arte da Editora Manole
Imagem da capa: Freepik

CIP-BRASIL. CATALOGAÇÃO NA PUBLICAÇÃO
SINDICATO NACIONAL DOS EDITORES DE LIVROS, RJ

E73m
Escobar, Ana
Meu filho tá online demais : equilibrando o uso das telas no dia a dia familiar /
Ana Escobar. - 1. ed. - Santana de Parnaíba [SP] : Manole, 2024.
23 cm.

Inclui bibliografia
ISBN 9788520461273

1. Internet e famílias. 2. Internet e crianças. 3. Internet - Aspectos sociais.
4. Internet - Aspectos psicológicos. 5. Parentalidade. I. Título.
Xxxxx

CDD:302.231019
24-88502 CDU: 316.776.3:004.5-053.2

Meri Gleice Rodrigues de Souza - Bibliotecária - CRB-7/6439

Todos os direitos reservados.
Nenhuma parte deste livro poderá ser reproduzida,
por qualquer processo, sem a permissão expressa dos editores.
É proibida a reprodução por fotocópia.

A Editora Manole é filiada à ABDR – Associação Brasileira
de Direitos Reprográficos

Edição – 2024

Editora Manole Ltda.
Alameda América, 876
Tamboré – Santana de Parnaíba – SP – Brasil
CEP: 06543-315
Fone: (11) 4196-6000
www.manole.com.br | https://atendimento.manole.com.br/

Impresso no Brasil
Printed in Brazil

Sumário

Prefácio

Quase todo mundo conhece o conto *O Flautista de Hamelin*, reescrito pelos Irmãos Grimm. Vamos relembrar rapidamente o roteiro desse conto.

A cidade de Hamelin, na Alemanha, estava infestada por ratos e a cidade prometeu o pagamento de uma grande quantia em dinheiro a quem solucionasse o sério problema. Um flautista chegou e declarou que resolveria a questão, e assim o fez: hipnotizou os ratos com o som de sua flauta e os afogou no rio. A prefeitura, entretanto, negou-se a fazer o pagamento devido. Dias depois, o flautista retornou à cidade e, dessa vez, levou todas as crianças atrás de sua música.

Vamos fazer algumas mudanças: o flautista agora são as telas e os ambientes virtuais com todo tipo de gente, de personagens, de imagens e vídeos, redes, notícias e informações – nem sempre reais e fiéis – etc., que conseguem hipnotizar crianças e jovens e os carregam atrás de si.

Sim, as telas são irresistíveis para crianças e adolescentes que, desde muito cedo, aprendem a lidar com elas e com os aparelhos eletrônicos. Quem ainda não viu um bebê com menos de três anos tocar uma tela de tablet para saltar para outro conteúdo? Ficamos até admirados e orgulhosos quando eles fazem isso.

Agora, pergunto: como trazer nossas crianças de volta ao mundo real para que explorem seus sentidos, brinquem na natureza e com seus próprios pensamentos, construam a sua expressão corporal, mantenham relações sociais presenciais com seus pares e intergeracionais, se conheçam, usem e desenvolvam sua criatividade, tenham ideias próprias, aprendam o autocuidado etc.?

Vamos ser honestos: as telas são irresistíveis também para nós, adultos. Tanto que fomos nós que nos apressamos em oferecer os aparelhos aos nossos filhos, foram algumas escolas que introduziram conteúdos escolares em tablets para seus alunos. E somos nós que vivemos também grudados nos nossos maravilhosos aparelhos celulares. Este é o modelo que nós oferecemos a eles!

Quando tudo isso começou, não sabíamos ainda quais seriam os efeitos de nosso gesto tão cheio de boas intenções: para crianças do século 21, um presente digno desta época! Mas, como diz mesmo um certo ditado popular? "De boas intenções ....". Não é?

Hoje, pais e escolas estão repletos de dúvidas de como resolver o grude que se tornou a tela na vida de muitas crianças e jovens. E hoje, sabemos, por meio de muitos estudos e pesquisas feitas, que o uso exagerado das telas pode prejudicar os mais novos de diversas maneiras; pode afetar a saúde física, a mental e a social deles.

Está na hora de arcar com os custos dessa relação tão próxima de filhos e alunos com seus aparelhos eletrônicos a fim de redirecionar rotas, reduzir danos e prevenir outros tantos. Por isso, a chegada deste livro *Meu filho tá online demais – Equilibrando o uso das telas no dia a dia familiar* precisa ser comemorada. Todo adulto que se relaciona mais de perto com crianças e adolescentes encontrará nele muito conhecimento que o ajudará a fazer escolhas bem-informadas nesta questão.

A autora e médica pediatra Ana Escobar debruçou-se sobre as questões que mais frequentemente atormentam os pais quando eles começam a avaliar as melhores atitudes a serem tomadas.

"Há alguma vantagem ao desenvolvimento da criança de até dois anos se oferecemos os estímulos que as telas proporcionam a ela?"; "Quanto tempo as crianças podem passar com os eletrônicos?";

"Como educar nossos filhos na era eletrônica?"; "Qual a idade mais adequada para ter seu próprio celular?". Essas e muitas outras dúvidas são esclarecidas pela Dra. Ana que, é bom frisar, tem o maior respeito pela ciência e pela autonomia familiar.

Tenho uma grande admiração pela Dra. Ana, pela pessoa que é, pela maneira tranquila e sensata como se comunica com os pais, por sua produção profissional e pela sua dedicação cuidadosa às nossas crianças. Desejo vida longa a Ana e ao seu novo livro.

Boa leitura!

Rosely Sayão

Psicóloga, consultora educacional e colunista de educação na *Folha de S.Paulo*, *Estadão* e Radio Band News FM. É referência nacional em discussões sobre temas relacionados a crianças, adolescentes, família e educação. É autora de diversos livros sobre o tema, entre eles *Educação sem blá-blá-blá* e *Desafios da adolescência na contemporaneidade – Uma conversa com pais e educadores*.

Introdução

Crianças, adolescentes e eletrônicos: como manter uma relação saudável?

É possível viver sem eletrônicos na atualidade?

Não! Definitivamente, não é possível viver sem os eletrônicos no mundo de hoje e muito menos no mundo de amanhã. A tecnologia veio para mudar e transformar a vida de todos, quer gostemos ou não.

A cada dia fornecemos uma série de informações para nossas redes sociais e outras plataformas digitais que alimentam um gigantesco banco de dados, com o qual se produzirão algoritmos que, por sua vez, retroalimentarão uma das formas de inteligência artificial que nos sugerirá, por exemplo, em qual escola devemos colocar nossos filhos, dentre outras coisas.

Impossível ficar fora desse mundo. Muito difícil ser um anônimo no século XXI. Algum robozinho pode estar te espreitando neste exato momento. E certamente está!

As crianças de hoje, nos primeiros minutos de vida, foram instantaneamente fotografadas ou filmadas por um celular e em alguns segundos a família inteira e os amigos, nos cantos mais remotos do planeta, puderam sorrir ao ver o novo bebê que acabou de chegar. Desde o primeiro respiro de vida, portanto, nossos pequenos já estão expostos aos eletrônicos.

A seguir, faço uma série de reflexões para pensarmos juntos sobre as nossas crianças e adolescentes à luz da tecnologia:

- Como seguir daqui para a frente?
- Será que a exposição das crianças aos eletrônicos as torna mais aptas para os desafios do futuro?
- Será que os eletrônicos promovem o desenvolvimento cerebral, garantindo agilidade de pensamento e capacidade de realizar várias tarefas ao mesmo tempo? Isso é bom?
- Por outro lado, até que ponto a exposição das crianças e adolescentes a um mundo essencialmente determinado por bancos de dados e algoritmos, socializado em redes de "amizade" virtuais ou influenciado por plataformas digitais com infinitos atrativos – como os jogos, por exemplo – pode ser prejudicial?
- A inteligência artificial ajudará ou atrapalhará o aprendizado escolar de crianças e adolescentes?
- Até que ponto o mundo tecnológico compete com a capacidade de nos tornarmos humanos mais sensíveis, tolerantes e com sentimentos nobres como, por exemplo, compaixão, empatia e solidariedade?
- Como fazer com que nossas crianças e adolescentes cresçam e se desenvolvam com corpo e mente saudáveis neste mundo dominado e determinado pela tecnologia?

Não é fácil. Por isso, precisamos de um rumo a seguir.

Necessitamos de uma bússola que nos indique o norte. Essa "bússola" pode ser a informação. Esse é o propósito deste livro. Fornecer aos pais e cuidadores informação embasada em dados científicos que atualmente nos estão disponíveis para que cada um escolha o seu "norte", de acordo com seu conhecimento, história, convicções e propósitos de vida.

E ASSIM COMEÇAMOS NOSSA VIAGEM

1

Os eletrônicos podem ajudar a estimular o desenvolvimento cerebral do meu filho?

Entendendo o cérebro dos bebês e das crianças

Olhe para seu bebê, tranquilo e sossegado no trocador, ouvindo uma musiquinha suave no móbile que está girando acima de seus olhos atentos. Quando você conversa com ele, os olhinhos do seu filho se encontram com os seus, e ele abre um belo sorriso.

Tudo parece um sonho de calma e serenidade. E é mesmo. Só que dentro da cabecinha deste pequeno bebê está acontecendo uma verdadeira tempestade química, elétrica e biológica.

Vamos entender como o cérebro deste e de todos os bebês se desenvolve.

As células do nosso cérebro se chamam neurônios. Nascemos com mais ou menos 100 bilhões deles. Para vocês terem uma ideia da magnitude disso, os cientistas acreditam que na Via Láctea há pelo menos 100 bilhões de estrelas. Portanto, podemos dizer que os bebês têm em seus "pequenos" cérebros aproximadamente a mesma quantidade de estrelas da Via Láctea. Incrível, não é mesmo?

Estes neurônios têm uma característica importante: eles têm um "fiozinho" que se chama axônio. Qual é a função do axônio? Transmitir o impulso elétrico e se conectar com o axônio de outro neurônio. Esta conexão se chama "sinapse".

Nós já nascemos com todas as nossas "sinapses" ou conexões prontinhas?

Aí é que está uma importante descoberta: ***não*** nascemos com elas prontinhas. Estas sinapses são formadas depois do nascimento, principalmente nos dois primeiros anos de vida.

Fica fácil imaginar que quanto maior o número de conexões – ou sinapses – que o bebê e a criança conseguirem fazer, melhor e mais aprimorado será seu desenvolvimento cerebral e, consequentemente, sua capacidade de racionar, pensar, agir e tomar decisões. Entendemos, portanto, que quanto maior o número de "fiozinhos" ligados e conectados, maior será a capacidade cognitiva, ou seja, aptidão para adquirir conhecimentos e desenvolver habilidades.

Importante saber que isso vale para a vida toda.

Isso significa que o cérebro das crianças se desenvolve alucinadamente até os 2 anos de idade. Esta é, portanto, uma época de ouro para o desenvolvimento infantil. Na adolescência há uma nova janela de oportunidade para formar mais sinapses.

Então, podemos concluir que o cérebro do futuro adulto depende essencialmente deste período que vai até os dois anos de idade. Ou seja, um cérebro bem desenvolvido e estruturado na infância é o que vai garantir a potencialidade de adquirir, processar e elaborar os conhecimentos para toda a vida.

Você conseguiria imaginar quantas sinapses um pequeno e sorridente bebê consegue fazer?

Prepare-se para a espantosa resposta: de acordo com os neurocientistas, um bebê é capaz de fazer aproximadamente 700 sinapses por segundo. Incrível, não é mesmo? Dá para imaginar que o bebê tranquilo, mexendo as mãozinhas e ouvindo você cantar uma música está, como um engenheiro de extrema precisão, trabalhando para erguer, construir e estruturar os alicerces do seu próprio cérebro, que o acompanhará por toda a vida?

Mas isso não é tudo.

Agora você está preparado para entender outro fato espetacularmente relevante para todos nós: o que promove esta "tempestade" de conexões por segundo no cérebro dos bebês?

O que ajuda e impulsiona a formação das sinapses?

> O estímulo afetivo que os bebês estabelecem com pai, mãe ou cuidadores. Exatamente isso: o vínculo afetivo que o bebê faz com as pessoas próximas é que promove a formação das sinapses.

Um bebê, portanto, para desenvolver seu cérebro de uma forma sólida, robusta e estruturada, precisa de vínculos afetivos. Precisa do contato olho no olho, da pele na pele, do calor gostoso de um aconchego ou da suavidade do som das vozes humanas ao seu redor.

Outros estímulos do dia a dia também são incrivelmente potentes para o desenvolvimento dos pequenos bebês, por exemplo, quando um irmão mais velho que chega perto e o acaricia, falando ou rindo alto, ou um cachorrinho que está sempre passando por perto.

Estímulos em três dimensões também são importantes; como as cores de um móbile que gira e toca música no bercinho ou um brinquedo colorido que se movimenta à sua frente, pendurado no carrinho.

Imagine o seguinte cenário: um bebê de 9 meses sentado em um carrinho que tem uma bolinha vermelha pendurada à sua frente, movendo-se para lá e para cá. Agora, visualize o esforço que esse pequeno bebê precisa fazer para conseguir alcançar e segurar a bolinha vermelha, levando em consideração que ainda está aprendendo a coordenar os movimentos de suas mãozinhas.

O vínculo afetivo que o bebê faz com as pessoas próximas é que promove a formação das sinapses.

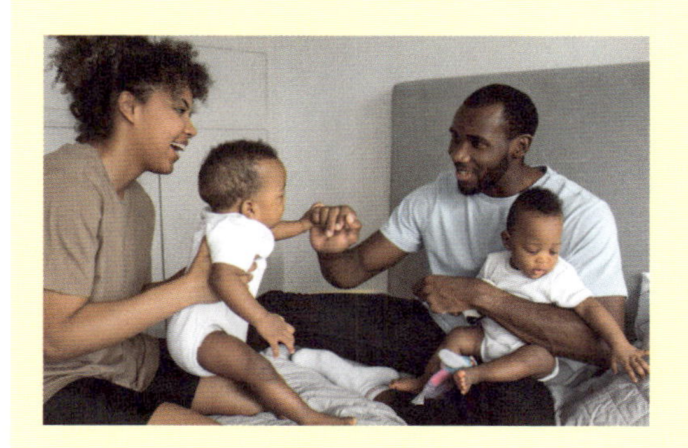

Você consegue imaginar a cena? O bebê estende seus braços e toca na bolinha que se movimenta para a frente, "fugindo" de suas mãos. Ele tenta novamente. E mais uma vez. Até conseguir. Já pensou que, neste processo simples e cotidiano, os olhinhos do bebê estão realizando um incrível exercício, focando e desfocando a bolinha que se movimentava para todos os lados? Esse treino maravilhoso contribui sensivelmente para a acuidade da visão, por exemplo.

O que aprendemos até aqui?

Aprendemos que nascemos com 100 bilhões de neurônios que precisam se conectar, formando sinapses. Um bebê é capaz de realizar incríveis 700 sinapses por segundo. É fundamental destacar que o vínculo afetivo estabelecido pelos bebês com pais, cuidadores e pessoas próximas é o que promove essa notável rede de conexões cerebrais, um processo conhecido como neuroplasticidade. Quanto mais ampla for essa rede formada nos primeiros 2 anos de vida, maior será a capacidade de aquisição de conhecimentos e habilidades ao longo da vida da pessoa. Por essa razão, esses primeiros 2 anos de vida são considerados um período de "ouro" no desenvolvimento infantil.

Aprendendo com texturas, sabores e movimentos

Observe um bebê que acabou de nascer. Ele está tranquilamente mamando no seio da mãe, com os olhinhos fechados, desfrutando do calor do leite e do aconchego do colo materno. Os pais o contemplam com encanto, embora o olhar do bebê recém-nascido seja vago, não se fixando, como se ele não percebesse o que acontece ao seu redor. Chora quando sente algum desconforto, sendo essa sua única forma de comunicação com o mundo.

Em apenas 2 anos, a quantidade de habilidades e conhecimento que esse bebê vai adquirir é fenomenal.

Ele aprendeu a sentar, engatinhar, andar e correr. Consegue subir em algumas coisas, e os pais e cuidadores devem ter cuidado para que ele não pule do berço.

Além disso, aprendeu a falar e a se comunicar. Pode parecer difícil aprender uma língua completamente desconhecida em "apenas" 2 anos, mas para os pequenos, isso é surpreendentemente fácil.

O bebê também aprendeu a atribuir significado às palavras: mamadeira, chupeta, leite, cama, banho, brinquedo, "dodói" e tantas outras que fazem parte do seu dia a dia.

Mas, o que é ainda mais notável, é que ele aprendeu o significado de palavras que remetem a sentimentos abstratos, como "triste" ou "bravo", para citar alguns exemplos corriqueiros.

Como as crianças conseguem aprender tudo isso em tão pouco tempo?

Ao observar, sentir e explorar cuidadosamente o mundo ao seu redor, as crianças desempenham papéis semelhantes aos de cientistas, psicólogos e professores extremamente eficientes, já que compartilham seus conhecimentos com outras crianças.

Elas têm uma afinidade natural por diferentes texturas, como terra, água, grama ou lama, e têm o desejo de tocar em tudo. Muitas vezes, desejam experimentar tudo, levando objetos inimagináveis à boca.

Para que possam "sentir" o mundo através do tato, é crucial que vivam em um ambiente que proporcione sensações como, por exemplo, quente, frio, morno, pastoso, liso, áspero, sólido, líquido.

A compreensão do mundo dos cheiros é adquirida quando elas sentem diferentes aromas, como o da flor ou até mesmo do próprio cocô, aprendendo a distinguir odores agradáveis dos desagradáveis.

A exposição a alimentos diversos assegura a exploração do universo dos sabores – doce, amargo, ácido – e das temperaturas: quente, morno ou frio.

A visão é naturalmente estimulada pelas cores e movimentos ao seu redor. É crucial que as crianças compreendam o mundo em três dimensões para adquirirem orientação espacial.

Os sons ambientais contribuem para o desenvolvimento da audição, seja por meio harmonia auditiva, como música ou a voz suave da mãe, ou através de ruídos irritantes, como uma obra próxima, ou de alertas, como uma porta batendo.

A cada segundo, bebês e crianças aprendem a explorar o mundo em suas incríveis e diversas possibilidades sensoriais.

Depois de um tempo, as crianças conseguem "decodificar" o aprendizado e traduzir o conhecimento em palavras ou sentimentos. Experimente, por exemplo, oferecer algo amargo, incolor ou com um cheiro "esquisito" para a criança tomar. Muito provavelmente, a recusa será instantânea. É por isso que muitos pais enfrentam desafios ao administrar algum remédio para os pequenos, travando o que muitos chamam de uma verdadeira "luta". Vocês conseguem imaginar quem geralmente é o "vencedor"?

Uma formiga perambulando pode ser interessante para o pequeno explorar. No entanto, se tentar pegá-la com as mãos, provavelmente será picado e sentirá dor. Assim, a vida se desvela e se apresenta ao cérebro, que avidamente capta tudo e se estrutura fortalecido com todo o conhecimento registrado.

Por intermédio de um jogo "invisível" de ação e reação, os filhos conseguem manipular psicologicamente seus pais com muita habilidade e sabedoria. Basta recusar o almoço por um dia. Pronto. Com seus potentes "radares e antenas" emocionais, já captaram a ansiedade e preocupação que tal ação gerou.

Os sentidos aguçados e abertos dos pequenos captam e registram as emoções de uma forma peculiar, eficiente e muito mais intensa do que podemos imaginar. Se recusarem o prato do almoço por dois dias seguidos, perceberão instantaneamente como isso "causou impacto". No dia seguinte, recusam pela terceira vez. Não há dúvidas de que, na sequência da recusa, surgirá, como que por magia, um prato com algo muito mais apetitoso, como, por exemplo, macarrão. Se recusarem o delicioso macarrão no dia seguinte, irremediavelmente, à ansiedade dos pais ou cuidadores, acrescentar-se-á o desespero. Todos já presenciamos esse "filme". No mesmo dia, o pediatra invariavelmente receberá a mensagem: "Meu filho não come nada. Recusou até o macarrão. Estou desesperada".

Nossos pequenos "analistas" autodidatas compreendem – e manipulam – melhor o mundo a cada dia que passa.

Agora que compreendemos como o ambiente, com suas diversas texturas, sabores, temperaturas, cheiros, cores, dimensões espaciais e uma variedade de sentimentos humanos, auxilia no desenvolvimento cerebral das crianças, deixando-as preparadas para a vida e uma melhor compreensão do mundo ao seu redor, estamos prontos para abordar algumas questões:

- Como os dispositivos eletrônicos se encaixam nesse cenário? Até que ponto as telas de celulares, tablets, computadores ou televisões, com seu incessante movimento de cores, desenhos, sons e música, contribuem para o desenvolvimento infantil?
- As telas têm o potencial de aprimorar a estrutura cerebral, tornando as crianças intelectualmente mais "ágeis"?

Ande por um restaurante e há grandes chances de você se deparar com uma cena comum: a família sentada à mesa e, em um canto lateral, o carrinho de uma criança de 1 ano de idade, com um celular estrategicamente pendurado para que o pequeno possa assistir a um desenho e, de preferência, ficar tranquilo, "hipnotizado" pelas cores e sons que se agitam freneticamente à sua frente.

As crianças permanecem imóveis, com os olhos fixos na movimentação. Às vezes, esticam os braços para realizar movimentos com a ponta do dedo indicador. Devido à sua aguçada capacidade de percepção, aprendem, observando os adultos, que o dedo indicador pode interagir com as telas.

Com nosso entendimento sobre o funcionamento do cérebro das crianças nos primeiros 2 anos de vida, podemos nos questionar:

- Quais são as vantagens que essas telas, repletas de estímulos coloridos e sonoros, podem oferecer?

Para crianças com menos de 2 anos, as vantagens se resumem exatamente a isso: estímulos coloridos e sonoros. Nada mais.

As crianças nessa faixa etária têm uma atitude mais "passiva" ou "expectadora" em relação ao que se passa nas telas. Ficam com os olhos fixos, absorvendo o espetáculo de cores e sons produzido por alguns personagens.

Diante da repetição insistente, esses personagens tornam-se conhecidos e, mais que isso, tornam-se "familiares", fazendo parte do vínculo afetivo e emocional crucial para as crianças nessa idade. Um exemplo é um patinho cor-de-rosa chamado Caco, que se torna uma presença diária.

A indústria e as lojas de brinquedos rapidamente respondem, e as prateleiras logo se enchem de Cacos de todos os tamanhos, que cantam, falam, têm casinhas, lagos e amigos. Pai e mãe do Caco também não poderiam faltar, todos disponíveis para venda.

Agora podemos compreender que os "Cacos" reais e tangíveis, em três dimensões, são muito mais importantes para o desenvolvimento cerebral das crianças do que os Cacos virtuais.

Vamos fazer uma comparação para entender melhor.

O Caco virtual, da tela, deixa a criança parada, imóvel, observando fixamente cores e sons. Esse Caco virtual não tem textura, cheiro, gosto, temperatura e, por não ter forma física palpável, não pode ser abraçado ou acolhido no colo, tornando impossível desenvolver um vínculo afetivo mais sólido.

O Caco das telas fornece apenas cores e sons para estimular o desenvolvimento cerebral das crianças pequenas, mantendo-as tranquilas nos carrinhos de restaurantes ou nas salas de casa enquanto os pais realizam suas tarefas.

Já o Caco "real", comprado na loja, é diferente. Tem cores, pode ter uma musiquinha embutida, pode falar, cantar ou dançar. Pode ser de pelúcia, plástico ou pano, com diferentes texturas e sabores. Possui uma forma física tridimensional e pode ser pego e abraçado.

Se os pais optarem por interagir com os filhos e com o Caco "real", não eletrônico, podem criar inúmeras brincadeiras, como esconder o Caco atrás do sofá para que a criança o encontre. A busca divertida ao Caco envolve movimentos físicos variados, fortalecendo o vínculo afetivo essencial para o desenvolvimento cerebral.

É compreensível que os pais, em momentos de necessidade de um momento próprio, possam recorrer à facilidade de colocar o pequeno com uma tela. Contudo, é importante que a imaginação entre em cena, e a solução fácil de pendurar um celular seja considerada o último recurso.

Isso vale também para situações em restaurantes, onde ensinar à criança comportamento à mesa é mais indicado – embora mais trabalhoso – do que recorrer ao celular. Educar não é fácil, é um desafio diário.

Portanto, não há comparação entre o mundo real e o virtual quando se trata de estimular o desenvolvimento cerebral dos pequenos. Afinal, quem já viu uma criança com menos de 2 anos querer dormir abraçada a um celular, como muitas fazem com paninhos ou bichinhos de pelúcia?

2

Quanto tempo as crianças podem passar com eletrônicos?

Pare um segundo e reflita sobre todas as atividades que realizou com seu celular nos últimos 60 minutos do dia de hoje.

Você pode ter utilizado seu celular para navegar pela cidade, assistir a um filme enquanto se exercitava na academia, conversar com 20 ou mais amigos, visualizar as fotos da viagem exótica da sua tia em tempo real ou do prato que seu tio degustou no Marrocos. Talvez tenha pedido o almoço no seu restaurante favorito, que foi entregue em apenas dez minutos. Ficou a par da vida do seu cunhado por meio das postagens nas redes sociais e leu sobre os sintomas do sarampo. Enfim, uma variedade infinita e inimaginável de possibilidades.

Diante disso, surge a pergunta:

Seria possível viver sem as telas no mundo de hoje?

Até seria, mas não há dúvida de que sem as telas eletrônicas e os aplicativos incríveis destinados a tornar nossa vida mais emocionante e ágil, tudo se torna mais complexo, lento, difícil e trabalhoso. Sem o mundo eletrônico, perderíamos mais tempo com tarefas corriqueiras, o que, atualmente, poderia significar a perda de valiosos momentos de descanso e lazer.

Se não conseguimos viver sem as telas e toda a quantidade e agilidade de informação que elas nos proporcionam, qual é a perspectiva de que nossos filhos possam ficar longe desse mundo eletrônico? Nenhuma, certo? É praticamente impossível afastar as telas deles.

Cada vez mais, o mundo eletrônico se tornará parte integrante do cotidiano de todas as pessoas, literalmente na palma das mãos, pelos cantos mais remotos do planeta.

Por outro lado, como já observamos, especialmente para crianças pequenas com menos de 2 anos de idade, o cérebro está em pleno processo de desenvolvimento – neuroplasticidade, como denominamos – e necessita de estímulos como vínculos afetivos, cheiros, texturas e formas tridimensionais para formar a complexa rede de conexões entre os neurônios que nos acompanhará ao longo da vida.

Além disso, no final do século XX e início do XXI, uma constatação preocupante emergiu como consequência da má alimentação e do estilo de vida mais sedentário: a obesidade infantil, que cresce de forma alarmante em todos os estratos sociais e culturais ao redor do mundo.

A inatividade física, decorrente do uso inadequado e excessivo de eletrônicos é um fator relevante e associado à verdadeira "epidemia" de obesidade infantil enfrentada por muitos países.

Isso nos leva à próxima pergunta: afinal, qual seria o tempo considerado aceitável para expor nossos filhos aos eletrônicos, sem prejudicar seu desenvolvimento cerebral e sem comprometer suas atividades físicas diárias?

Cientes de que essa questão pode orientar comportamentos, hábitos de vida e o potencial desenvolvimento físico e cerebral de crianças e futuros adultos, a resposta precisa ter um embasamento científico sólido.

Quem responde a essa pergunta é a Organização Mundial de Saúde (OMS) que, ciente da magnitude da questão, analisou estudos e consultou especialistas. Como resultado, o tempo máximo indicado de exposição a telas recreativas e sedentárias para crianças foi definido de acordo com faixas etárias, conforme apresentado na tabela a seguir:

IDADE	Tempo máximo de telas sedentárias (TV, computador, celular ou tablets)
< 1 ano	ZERO
1–5 anos	1 hora/dia
> 5 anos	2 horas/dia

Importante

As crianças não devem permanecer por mais de 20 minutos consecutivos com os olhos fixos nas telas. Sabemos que o uso frequente de celulares, tablets e computadores, em especial, está correlacionado a maiores taxas de miopia na infância. Portanto, é crucial que, a cada intervalo de 20 minutos, as crianças desviem o olhar para o horizonte, focando em um ponto mais distante, com o propósito de exercitar os movimentos oculares. Posteriormente, elas podem retornar naturalmente aos dispositivos eletrônicos, respeitando o limite máximo permitido.

A Sociedade Brasileira de Pediatria, por sua vez, amplia a recomendação da OMS e orienta que as crianças com MENOS de 2 ANOS de idade NÃO sejam expostas a quaisquer tipos de telas.

Quem disse que educar filhos é uma tarefa fácil?

Certamente não é, e muito provavelmente nunca será. Os desafios de

ensinar, transmitir valores e educar filhos simplesmente se transformam com o passar dos anos, acompanhando as mudanças de hábitos e a maneira como as diferentes gerações percebem e interpretam o mundo. No entanto, o desafio fundamental de educar é constante para todas as gerações de pais.

> ?
>
> A pergunta que não quer calar: tem certeza de que eu não posso deixar meu filho menor de 2 anos nem por cinco minutinhos vendo TV ou um filminho no celular? Só enquanto eu faço o almoço dele. Não pode MESMO?

Na era digital, esse desafio não poderia ser diferente. Portanto, nosso desafio atual é como educar nossos filhos no mundo eletrônico de hoje.

Vamos refletir sobre isso juntos no próximo capítulo.

3

O mundo real e o mundo virtual: como educar os filhos na era eletrônica?

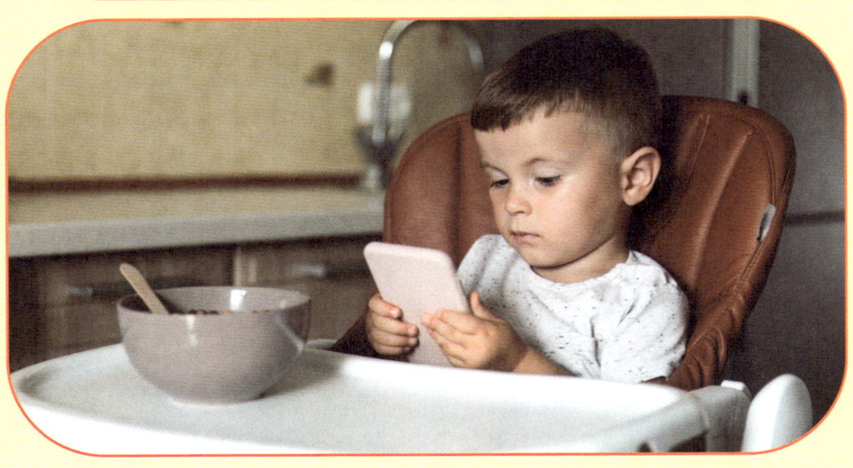

Crianças pequenas, como sabemos, são ávidas por aprender. Seus sentidos aguçados são capazes de captar os mínimos detalhes do ambiente ao seu redor, não apenas do ambiente físico, mas principalmente do ambiente emocional.

Vivemos em uma era dominada, determinada e cercada pela crescente tecnologia. Cada um de nós faz parte e atua ativamente – mesmo sem perceber – nesse cenário.

Certamente, você já se deparou com a cena clássica: um grupo de adolescentes sentados à mesa de uma lanchonete, juntos e, ao mesmo tempo, absolutamente solitários, cada um absorto em seu celular, desconectado emocionalmente da companhia dos amigos ao redor.

Na mesa ao lado, uma família composta por pai, mãe e filhos, com os celulares estrategicamente posicionados ao lado dos pratos. A cada 5 ou 10 minutos, os pais os pegam para verificar as últimas postagens ou recados. Irmãos mais velhos insistem em pegar os celulares para jogar, e os pais invariavelmente os entregam para se livrarem dos pedidos incessantes e garantirem alguns minutos de tranquilidade. As crianças jogam, permanecendo virtuais e distantes do ambiente familiar até serem obrigadas a largar os aparelhos quando a refeição chega.

Como interpretam essa cena cotidiana?

De maneira simples: "esses aparelhos são realmente incríveis! Cheios de cores e sons. Papai, mamãe e meus irmãos adoram mexer neles. Se eles podem, eu também posso".

E agora? Vamos refletir sobre as seguintes questões juntos:

- Como fazer com que crianças com menos de 2 anos compreendam e aceitem que não devem se distrair com as telas coloridas e atrativas?

- Como garantir que crianças com mais de 2 anos entendam que os eletrônicos têm limites de uso e que devem fazer uma pausa a cada 20 minutos para alongar os olhos para longe, evitando o risco de desenvolver miopia?

Há algumas dicas importantes para não se perder neste momento crucial da jornada, quando ambos decidiram seguir juntos na mesma direção educacional.

O primeiro passo para que tudo funcione melhor é que os responsáveis pela criança estejam em acordo mútuo sobre a forma de educar no mundo eletrônico. Sem isso, nada é possível. Imagine um navio com dois timoneiros: um gira para um lado e o outro para o outro. Para onde vai o navio? Muito provavelmente para o lado do timoneiro que gira com mais força. No entanto, o movimento oposto, que existe e é real, deixará o navio sem rumo definido, desgovernado e confuso por um tempo precioso.

Portanto, retornamos ao ponto principal: os educadores responsáveis devem estar em concordância sobre o rumo a seguir. Não importa se moram na mesma casa ou em casas diferentes; as crianças devem ter a mesma linha educacional em seus dois ambientes. O pior que se pode fazer é tentar ser o pai ou a mãe "legal" e "amigo/a", deixando a criança fazer tudo na tentativa de ganhar o seu "amor incondicional". Isso não garante confiança ou amor dos filhos. Quando percebem que "podem fazer tudo", as crianças se tornam inseguras. Ninguém aprecia companhias ou amizades que nos deixam inseguros.

É importante saber: as crianças precisam de um "rumo". Precisam de alguém que lhes mostre direções. Crianças definitivamente não têm estrutura para navegar sozinhas, por mais calmos que sejam os mares. É fácil se perder, e elas sabem disso. Precisam de alguém em quem confiem por perto.

Acima de tudo, as crianças não são ingênuas e sabem exatamente o que é permitido e o que não é. Elas desafiam as regras, muitas vezes para testar os pais e cuidadores, e se sentem seguras quando o “não pode” é sempre “não pode”. Isso oferece conforto e segurança para elas. Saibam disso.

Uma relação sólida e bem estruturada com os filhos se estabelece quando há uma relação inquestionável de segurança e afeto. O “não pode” faz parte da vida, e as crianças precisam disso.

O “não pode” fortalece. O “pode tudo” enfraquece.

Portanto, não se enxerguem como “amigos” de seus filhos. Vocês são pais, orientadores, legalmente responsáveis, com o poder de tomar decisões, ensinar, dar ordens, exigir e cobrar. Esses são poderes que não possuímos com nossos amigos. Além disso, escolhemos nossos amigos, mas não escolhemos nossos pais.

Assim, voltamos novamente ao nosso ponto principal: pais responsáveis devem estar em concordância sobre o rumo a seguir em relação à educação e aos valores transmitidos aos filhos.

Jamais deixem de ser pais e responsáveis. Mais que isso: sejam pais responsáveis.

Conversem e cheguem a um acordo. Alinhem suas ideias em relação ao uso de eletrônicos e cumpram dignamente o que foi acordado, mesmo que morem em casas diferentes.

Agora, vamos em frente.

Crianças com menos de 1 ano de idade

Nesta faixa de idade, os eletrônicos recreativos estão formalmente contraindicados, tanto pela Organização Mundial de Saúde como pela Sociedade Brasileira de Pediatria. Como já aprendemos no Capítulo 1, o cérebro está em processo de formação e necessita de outros estímulos reais e tridimensionais.

É claro que se o carrinho do bebê estiver na sala onde há uma televisão ligada, tudo bem. Não precisa colocar o bebê de costas para a TV. Sem exageros. O que não se deseja é que a TV seja ligada para o bebê ver. Não pensem em pendurar celulares nos carrinhos ou berços. Distraia seu filho com livrinhos de histórias, músicas, brinquedos ou objetos coloridos. Usem a imaginação. Sentem-se no chão e brinquem. Vocês, pais e cuidadores, são muito mais interessantes para os pequenos do que os eletrônicos. Podem acreditar. Aproveitem essa fase.

Sim, dá muito trabalho e exige muito mais dos adultos, mas o resultado final é indiscutivelmente superior.

Crianças de 1 a 2 anos de idade

Nesta faixa etária, a OMS permite 1 hora de tela por dia, enquanto a Sociedade Brasileira de Pediatria considera que telas só a partir de 2 anos. Como proceder? Quem devo seguir?

Aqui, responsáveis, devem entrar em um acordo e respeitá-lo para que a criança receba apenas um tipo de "ordem" e não se sinta confusa e desgovernada. Se optarem por deixar o filho de 1 a 2 anos se distrair com os eletrônicos, lembrem-se de que este período não deve passar de uma hora por dia. A cada 20 minutos, deve-se dar uma "paradinha" para que os olhos foquem o horizonte.

Antes de tudo, definam as regras. Expliquem que vocês estão permitindo ver tal ou qual programa específico. A cada 20 minutos, é ideal conseguir uma interrupção breve para desfocar um pouco do aparelho. Apareçam na sala, mostrem algum objeto, interajam um pouco e pronto. Se conseguirem fazer com que as crianças levantem e andem um pouco pela sala, melhor ainda. Passada a hora combinada, acabou. "Agora acabou o horário da TV. Vamos brincar de outra coisa". Este momento é importante. Aguentem o choro e os protestos sem voltar atrás. Muitas crianças conseguem nos vencer pelo cansaço. Sejam firmes e não cedam.

Crianças são "esponjas" e sabem captar como ninguém os sentimentos dos pais ou responsáveis e cuidadores. Se vocês demonstrarem insegurança ou falta de convicção nas ordens que dão, estão perdidos. Elas vão insistir até vencer a batalha. Como já dito, a grande estratégia utilizada por elas é vencer-nos pelo cansaço. Por isso, a certeza e a convicção de que vocês, pais responsáveis, estão tomando a atitude correta e estão juntos nesta decisão são essenciais e o ponto de partida para que tudo dê certo. Pais inseguros geram insegurança e incerteza. Isso não é bom para ninguém.

A boa notícia é que as crianças aceitam muito bem o que é previamente combinado e acordado com elas. A sua firmeza e segurança também deixarão vocês seguros. Tudo fica mais fácil. Para o restante da vida, acreditem.

Nesta idade, deem preferência às telas das TVs e certifiquem-se de que as crianças não se posicionem "grudadas" no aparelho. Sofás e cadeiras devem estar estrategicamente colocados a uma distância ideal de pelo menos 2 metros da tela. Quem tem alguma tela no carro pode também deixar as crianças – que já estão com as devidas cadeirinhas de transporte viradas para a frente – assistirem a um desenho em viagens mais longas, por exemplo.

Crianças de 2 a 5 anos de idade

Nesta idade, as crianças já têm a incrível capacidade de argumentar e colocar claramente em palavras seus desejos. Por outro lado, não têm a menor capacidade de discernir sobre o que é bom ou não para seu crescimento e desenvolvimento. Por isso, claro, quem dá o rumo e as orientações são os pais ou responsáveis.

Argumentar e explicar dá mais trabalho e demanda muito mais tempo. No entanto, talvez este seja um momento de incrível crescimento para todos vocês: adultos e crianças. Ouvir argumentos com tolerância e abertura e contra-argumentar com respeito e inteligência é um exercício cognitivo desafiador e engrandecedor para todos, em todas as idades.

Por isso, ensinar filhos a argumentar e contra-argumentar é também ensinar a ouvir o outro e entender que opiniões divergentes devem, no mínimo, ser respeitadas.

Aprendam a argumentar com os pequenos. Quem disse que educar é fácil?

No entanto, após estabelecidas as argumentações e contra-argumentações, se houver um impasse difícil, uma sugestão para a decisão final, que sempre será de vocês... "Vamos fazer desta forma porque sou seu pai/mãe, amo você e sei exatamente o que é melhor para você". Ponto-final.

Importante saber que pais e responsáveis devem ouvir com atenção os argumentos das crianças, devem igualmente assumir a responsabilidade de todas as decisões, sem delegar as possibilidades de opção para os menores que, com certeza, não têm elaboração para decidir por si assuntos de importância e relevância.

Por isso, antes de liberar o eletrônico, definam com calma as regras. Expliquem que o tempo de uso é limitado. Sigam à risca o que foi determinado e, se por alguma razão a "regra" não foi respeitada, deixem claro as razões pelas quais se admitiu uma exceção. Façam tudo para não ceder no final de semana quando vocês, pais, estão exaustos, querendo descansar e a solução mais fácil seria deixar a criança "abduzida" horas a fio com uma tela. Não cedam. Cumpram o que foi combinado. Seu filho agradecerá depois. Vocês estão, no mínimo, deixando clara a ideia de que a educação que transmitem é sólida, posto que embasada na veracidade e honestidade dos acordos.

Seus filhos se sentirão mais seguros e confiantes em vocês, mesmo que antes tenham feito um cinematográfico escândalo na tentativa de demovê-los, pais responsáveis, da ideia e assim deixá-los brincar mais tempo com jogos e diversões virtuais.

Crianças com mais de 5 anos de idade

Nesta faixa etária, pode-se liberar eletrônicos recreacionais por até 2 horas por dia. Da mesma forma, o uso não deve ser contínuo. Idealmente, a cada 20 minutos, sugere-se um rápido intervalo para as devidas acomodações visuais, para que as crianças se movimentem um pouco e para dar uma "quebrada" na abdução que os eletrônicos promovem. Trazê-las para o mundo real, por alguns segundos que sejam, já vale a pena.

Tentem dividir este período em dois períodos de uma hora. Cuidem para "encaixar" o tempo de inatividade recreacional que as telas proporcionam em momentos específicos e predeterminados, de tal forma que não atrapalhem as atividades de lição de casa, de esportes ou de brincadeiras e interação social com os amiguinhos, que as crianças desta idade devem necessariamente ter.

Crianças adoram regras definidas e se sentem seguras quando sabem quais atividades estão programadas para aquele dia. Por isso, deixem claro que a hora dos eletrônicos tem começo, meio e fim em um período específico do dia ou da semana.

Duas dicas importantes:

1. Seus filhos devem usar os eletrônicos na sala ou em um ambiente coletivo da família. Jamais sozinhos no quarto. Vocês não precisam ficar "grudados" no que se passa na tela que

eles assistem, mas "antenados" é sempre importante.

2. Não deixem seus filhos com eletrônicos e fones de ouvido. É muito importante que vocês estejam antenados à tela, mas também aos sons emitidos durante as recreações eletrônicas de seus filhos. Fiquem atentos a vozes estranhas.

Importante: crianças maiores de 5 anos PODEM usar eletrônicos por até duas horas por dia. Mas NÃO PRECISAM, necessariamente, usar eletrônicos duas horas por dia. Isso significa que o tempo máximo sugerido pela OMS e Sociedade Brasileira de Pediatria é como o nome diz: "máximo". Se for menos que isso, melhor.

Crianças precisam se movimentar, adquirir habilidades físicas, exercitar seus músculos, ossos, tendões, pulmões e corações em acelerado processo de crescimento. A vida, literalmente, deve "pulsar" nesta faixa de idade. Os esportes são espetaculares. Não só para o desenvolvimento físico, como também para o aprendizado e a elaboração de sentimentos e sensações que as vitórias e derrotas nos ensinam. Vitórias ou derrotas reais – olho no olho, suor no suor do oponente – são indiscutivelmente mais estimulantes e engrandecedoras do que as derrotas eletrônicas virtuais, que se ganha ou se perde sentado em um sofá com um prato de pipoca de micro-ondas ao lado.

Incentivar atividades que estimulem o contato presencial, palpável, real, olho no olho, e/ou atividades que demandem exercícios físicos é indiscutivelmente o melhor de tudo.

Os argumentos e contra-argumentos nesta faixa etária vão se incorporando de robustez de conteúdos, e a capacidade de insistência das crianças é também muito mais acentuada.

Por isso, estejam preparados e segue valendo o que aprendemos nos parágrafos acima sobre a importância de ouvir atenta e

respeitosamente os argumentos e de saber elaborar contra-argumentos mais potentes.

Neste processo de educar filhos, os pais é que, muitas vezes, se engrandecem como pessoas.

Lembrem-se sempre que a última palavra continua sendo a de vocês, pais responsáveis.

Resumindo em três passos

1. O ponto de partida – sempre vale reiterar – é vocês, pais e/ou responsáveis, estarem de comum acordo e convictos da decisão que vão tomar sobre como, quando e por quanto tempo (a tabela acima pode auxiliar nesta decisão) os filhos poderão usar os eletrônicos.
2. Crianças se sentem seguras com regras claras e compreensíveis. Definam e deixem claro a regra e a respeitem, mesmo que morem em casas diferentes.

3. Se houver divergência de opiniões ou escândalos, aprendam a ouvir os argumentos dos seus filhos com respeito e atenção, mas sejam inteligentes o suficiente para rebater com uma contra-argumentação mais potente. Lembrem-se: a decisão final cabe sempre a vocês, pais e responsáveis.

Não existe segredo nem mágica. Uma relação de confiança e segurança com os filhos se constrói com pequenas atitudes do dia a dia. O uso dos eletrônicos é uma enorme oportunidade para que vocês possam construir um dos pilares desta relação.

Na adolescência, como veremos adiante, este vínculo com bases sólidas construídas na infância será essencialmente importante.

Durante a infância, portanto, os pais conseguem ter um controle maior sobre o uso das telas. Até quando?

Estamos prontos para nossa próxima questão: com qual idade devo dar o primeiro celular para meu filho?

4

Qual é a idade mais adequada para ganhar o primeiro celular?

"Todos os meus amigos já têm um celular. Só eu é que não tenho. Eles conversam entre eles, e eu fico de fora sem saber de nada. Outro dia combinaram uma festa e esqueceram de me chamar porque não tenho celular".

Este é um dos argumentos mais usados por crianças de 9 a 12 anos que "ainda" não possuem seu próprio celular.

Muitos pais ficam confusos e em dúvida sobre qual é a melhor idade para presentear o filho com um celular. Sim, dar um celular para seu filho é dar a ele acesso a toda – literalmente TODA – forma de informação que há no mundo.

Com um aparelhinho na mão, seu filho tem poder. Muito poder. Pode assistir aos mais diferentes tipos de vídeos, pode acessar sites "esquisitos", pode inventar e nutrir um perfil nas redes sociais, pode divulgar fotos e, principalmente, "conversar" com pessoas desconhecidas, cuja intenção pode ser obscura ou perigosa.

Dar um celular para um filho significa, sim, expô-lo ao mundo com todas suas maravilhas e, principalmente, para a agonia dos pais, com todos os seus perigos e incertezas.

Considerando que é humanamente impossível – muito menos aconselhável – ficar grudado no seu filho 24 horas por dia, a sensação que muitos pais têm é a de que, ao dar um celular, estão jogando e expondo o próprio filho sozinho, ele com ele mesmo, com toda a sua fragilidade e inocência pueris, ao mundo dos leões famintos e vorazes.

A dúvida pertinente e instantânea é: "será que meu filho tem maturidade suficiente para ganhar um celular e encarar a vida como ela é?".

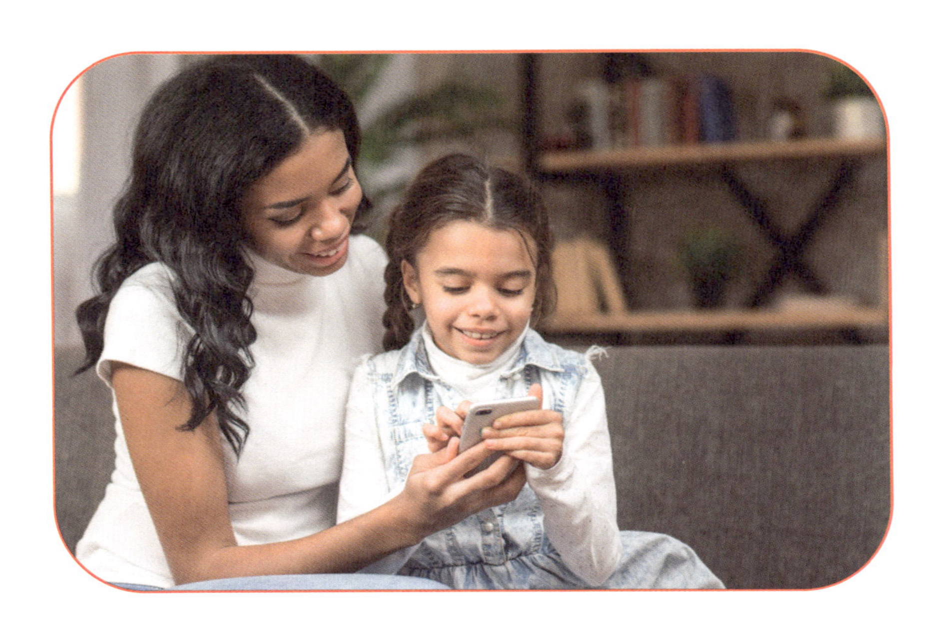

Não há saída: a resposta a esta pergunta vai deixar os pais desconfortáveis de qualquer jeito. Se for SIM, bate a insegurança e o medo de dar o celular. Se for NÃO, bate a angústia de achar que o filho não é capaz e outros da mesma idade o são.

Por isso, não há uma recomendação precisa de "idade". Mas o bom senso nos indica que dar um celular para um filho antes dos 10 anos é, de fato, muito cedo e precoce. Poucas crianças os têm e, com raríssimas exceções, não se identifica nenhuma vantagem social ou prática em possuir um celular antes desta idade.

Após os 10 anos, dependendo da situação familiar, algumas crianças já ganham seu primeiro aparelhinho. Boa parte, no entanto, é presenteada perto dos 12 anos.

Alguns conseguem "segurar" até os 13 anos. Depois desta idade, a maioria dos adolescentes já arrumou uma forma de ganhar o seu próprio celular.

Quando seu filho se torna o "dono" de um smartphone, vocês, pais responsáveis, devem ter seu poder de vigilância e atenção para com seus filhos redobrado. Jamais baixem a guarda, pelo menos até os 14 anos, quando se supõe uma maior capacidade de discernimento entre o bom e o mau uso dos celulares.

Isso nos leva a uma questão: devo deixar meu filho de 10 a 14 anos navegar livremente pela internet? Ou será melhor proibir para que ele não corra o risco de entrar em "águas turvas?". Vamos então ao próximo capítulo.

Sim, a internet é uma terra de ninguém onde tudo pode ser visto, dito, postado, enviado, recebido, compartilhado, seguido, curtido e tudo o que se pode (ou não pode) imaginar.

5

Como ensinar meu filho a navegar pela internet sem riscos?

Os dados no Brasil são impressionantes: segundo a pesquisa "TIC Kids Online Brasil" da Cetic.br, publicada em 2023, mais de 24 milhões de crianças e adolescentes entre 9 e 17 anos acessaram a internet. Isso significa que 92% dos jovens dessa faixa etária navegaram pela internet em 2022, e 82% têm perfil nas redes sociais.

Interessante notar que, desses jovens, 96% acessaram a internet pelos celulares. Mais ainda: a grande maioria entrou na internet todos os dias.

Novos tempos para a juventude.

Adianta proibir? Claro que não. Proibir é sempre a pior saída. Não tenham a menor dúvida de que seus filhos acharão um jeito mirabolante para enganar vocês.

O melhor caminho é obviamente o mais trabalhoso: ensinar a usar a internet e, como professores atenciosos, vocês devem estar constantemente por perto, em estado de vigilância contínua, participando e tomando ciência de todos os "mares navegados" por seus filhos.

Dos 10 aos 20 anos de idade, todos os adolescentes passam por mudanças radicais no corpo e na mente.

É fácil imaginar, por exemplo, que um menino ou menina de 10 anos, impúberes ainda, vá à escola no ônibus escolar, não tenha autonomia para viajar sozinho e deva obedecer às regras da casa de seus pais, que incluem, entre tantas, dormir cedo e escovar os dentes. Normalmente, não conversam sobre política nacional com amigos.

Aos 20 anos – em apenas 10 anos, portanto – esses jovens serão praticamente outras pessoas. Tornaram-se adultos, podem votar, discutir política estudantil ou nacional, dirigir, viajar desacompanhados, morar sozinhos, trabalhar e até ganhar o próprio sustento. Podem dormir na hora em que quiserem e, se não escovarem os dentes, problema deles (e de quem estiver por perto).

Dos 20 aos 30 ou dos 30 aos 40 anos e mesmo daí para a frente, as mudanças são muito menos intensas e radicais.

Enfim, para os pais, filhos sempre serão filhos, independentemente da idade. No entanto, para o mundo não é assim. Aos 18 anos, os jovens já têm a capacidade de decisão e o respaldo legal para fazer suas próprias opções e assumir, também legalmente, as consequências de seus atos.

Assim, voltamos ao nosso tema: como orientar nossos filhos em relação ao uso dos eletrônicos e da internet, dos 10 aos 18 anos, considerando todas as transformações físicas e mentais características deste momento?

Para que as orientações sejam mais realistas e viáveis, vamos segmentá-las em faixas etárias, de acordo com o padrão médio de amadurecimento dos adolescentes.

Dos 10 aos 13 anos de idade

Nesta fase, as crianças estão estreando seu primeiro celular. Ao receberem o dispositivo, ganham o poder e a possibilidade de navegar pelo mundo virtual. Sentem-se como astronautas interplanetários, explorando novas galáxias. "Empoderados" é a palavra da moda que melhor descreve seu estado de estar no mundo quando possuem seu próprio smartphone. No entanto, julgam-se também mais independentes.

Na verdade, suas mentes em desenvolvimento não estão preparadas para essa "independência" e para todos os desafios que encontrarão pelo caminho. Portanto, é essencial que vocês, pais responsáveis, estejam sempre por perto e sejam os verdadeiros comandantes "sênior" desta espaçonave que navega pelos espaços virtuais.

Aqui estão algumas orientações importantes em três passos:

Primeiro passo: definam as regras de uso

ANTES de entregar o primeiro celular para seu filho, estabeleçam as regras de uso. É crucial que o respeito a essas regras seja sagrado. Se, porventura, houver qualquer violação indevida, o celular será sumariamente confiscado, por um período determinado por vocês.

Cinco exemplos de regras que podem ajudar:

1. Sempre que vocês pedirem, os filhos devem entregar o celular. Sem questionar e, se possível, sem reclamar. A regra é clara e deve ser seguida.
2. Deve haver horários definidos para o uso recreativo do celular. As atividades escolares e as aulas extras devem ter total prioridade. Ficar respondendo a quinhentas mensagens de amigos pode ser considerado uso recreativo.
3. Os celulares devem ser preferencialmente usados em ambientes coletivos da casa, como a sala ou varanda, e sem fones de ouvido. Esta regra pode ser flexibilizada com a devida autorização dos pais.
4. O celular passa a noite no quarto dos pais. O celular no próprio quarto do adolescente desta idade certamente atrapalha o sono, e isso pode afetar diretamente o rendimento escolar, como veremos em capítulo adiante. Portanto, após a hora de uso, vão para a cama, e o celular fica com vocês, pais.
5. A compra de quaisquer aplicativos ou jogos só pode ser realizada com expressa autorização dos pais. É importante que seus filhos saibam que há limites para compras online.

Segundo passo: vocês devem ter a senha do celular de seus filhos

As crianças devem estar cientes de que vocês conhecem as senhas dos celulares e, por serem pais responsáveis, têm o direito garantido de acesso livre para pesquisar qualquer coisa nos celulares dos filhos. Também têm a prerrogativa de bloquear o que não consideram apropriado, sem espaço para reclamações.

Seus filhos devem ter plena consciência de que vocês estão atentos, informados e monitorando todos os caminhos virtuais que eles percorrem praticamente em tempo real, para não perder nenhum detalhe.

Terceiro passo: usem juntos, recreativamente, a internet

Ensinem seus filhos a utilizar a internet. Como fazer isso? Navegando com eles. Esta é a melhor maneira de ensiná-los: estando por perto. Assim como um instrutor de voo que acompanha os futuros pilotos. Estejam presentes, e quando sentirem que seu filho já tem a capacidade, permitam que ele voe sozinho.

Ao final do dia, por exemplo, escolham juntos algum aplicativo popular, joguem ou assistam a um filme do momento, algo que interesse às crianças.

Uma dica valiosa: aprendam com seus filhos. Eles têm muito a ensinar sobre os aplicativos mais utilizados pela nova geração. Portanto, descubram quais aplicativos eles e seus amigos mais acessam no momento. Participem com atenção e genuíno interesse. Vejam quais jogos estão em alta.

> Mais importante ainda: conversem abertamente com seus filhos sobre os perigos de interagir com estranhos online, e sobre a regra inflexível de NUNCA postar fotos sem roupa, em nenhuma circunstância.

Em resumo, ensinem e permitam que seus filhos naveguem com seus celulares, proporcionando-lhes a independência necessária para tal. No entanto, esta é uma forma de independência claramente "controlada", como vocês já discutiram: estejam presentes, ativos e vigilantes. De tempos em tempos – a frequência é determinada por vocês –, verifiquem os celulares e examinem as informações que desejarem.

Importante: vocês, pais, também devem seguir regras.

Exatamente isso. As regras não devem ser só para seus filhos. Vocês também devem ter regras. Seus filhos devem saber disso e principalmente quais são estas regras. Sigam-nas ao pé da letra. Só assim vocês conseguirão criar uma relação de confiança que é absolutamente essencial, principalmente na adolescência

Sugestão de uma regra valiosa para vocês, pais:

Respeitem a privacidade do seu filho. Vocês têm a senha do celular deles, podem ver com quem eles conversam e ler o conteúdo das mensagens, a menos que eles tenham apagado tudo; o que não é um bom sinal e merece uma conversa. De qualquer forma, **JAMAIS comentem com a família ou amigos – adultos ou crianças – assuntos que devem ser apenas do universo dos seus filhos**.

Esta fase dos 10 aos 13 anos é muito importante para definir a forma de uso do celular de acordo com os valores da família. Se vocês tiverem sucesso aqui, as próximas fases serão mais fáceis.

Dos 13 aos 15 anos de idade

De 13 a 15 anos, seus filhos já demonstram fisicamente que a adolescência chegou. O corpo passa por mudanças que eles mesmos demoram a elaborar.

As espinhas nos rostos em crescimento escancaram as transformações corporais e os deixam mais introvertidos e preocupados com a autoimagem, em um mundo que valoriza muito o corpo como forma de autoafirmação. É um período difícil da vida.

Os repentes de humor estão a pleno vapor. São mais sensíveis e sujeitos a uma "explosão" emocional que acontece ao menor sinal de contrariedade.

Os adolescentes desta faixa de idade, todos sabemos, têm um comportamento completamente diferente do que quando eram "crianças". Isso pode causar um certo estranhamento dos pais que, por outro lado, também estão aprendendo a conviver com um filho adolescente que não é mais o bebê ou a criança de ontem.

Assim, as atitudes dos filhos adolescentes vão se transformando com muita rapidez: isolam-se mais, tornam-se naturalmente mais "respondões", desafiadores, donos da verdade e com pouca disposição para conversar. Muitos se colocam no centro do mundo e ninguém – absolutamente ninguém – tem nada com isso.

Tentar fazer com que seu filho adolescente saia do quarto aos finais de semana para almoçar ou jantar com vocês é uma verdadeira luta que muitas vezes eles ganham facilmente, uma vez que vocês, pais, estão exaustos e sem paciência para contra-argumentar ou encarar uma discussão nos dias de descanso.

Neste cenário, como orientar o uso dos eletrônicos e, mais que isso, como definir regras que seus filhos, em fase de completa e total rebeldia, obedeçam sem reclamar?

- Se vocês já construíram uma boa relação de regras e limites antes dos 13 anos, fica mais tranquilo seguir adiante.
- Se estiverem começando por aqui, dá um pouco mais de trabalho. Porém, se vocês, pais, se sentirem determinados, temos ótimas perspectivas.
- No entanto, se seu filho estiver usando os eletrônicos indevidamente e não obedece a vocês, preparem-se para o embate, mas há muita luz no fim do túnel.

Importante saber que, nos dias de hoje, para os adolescentes, o centro do mundo é – na imensa maioria das vezes – o próprio quarto, onde querem passar a maior parte do tempo.

As dicas para o uso mais "saudável" dos celulares nesta idade são:

1. Regras flexíveis: as regras da fase anterior podem ser flexibilizadas, de acordo com a maturidade do seu filho. Você tem o direito de ter a senha e de requisitar o celular quando quiser para checar informações. Afinal, é você que paga a conta desse celular. No entanto, deixe claro que a partir de agora você fará isso com uma frequência menor e apenas se entender que há motivos suficientes para tal. As restrições quanto ao tempo de uso, local e fones de ouvido podem ser flexibilizadas, desde que, claro, as atividades e o rendimento escolar sejam priorizados. O uso noturno do celular nesta idade não é recomendado, pois de fato atrapalha o sono. Detalharemos isso em capítulo mais adiante.
2. Redes sociais: nesta idade, seu filho já deve ter um perfil nas redes sociais. Deixe claro também que você será seu seguidor ou "amigo". No entanto, seja discreto o suficiente para JAMAIS postar comentários tipo: "que lindo é o filhinho da mamãe" ou algo no gênero. Mais que isso: não curta e não compartilhe o que seu filho postou. Seja um seguidor ou amigo "oculto". Não dê motivos para seu filho ficar envergonhado na frente dos próprios amigos por sua causa.

   Nesta fase, tudo o que os adolescentes querem é passar para os amigos uma ideia de que já são "independentes" dos pais e capazes de tomar suas próprias decisões sem interferência. Sabemos que não é bem assim; mas nem com toda a tecnologia do mundo este desejo adolescente irá mudar. Esse é um típico comportamento de todas as gerações que perdura por séculos.
3. Bullying virtual: conversem sobre bullying virtual. O bullying, real ou virtual, é um problema grave nos dias de hoje e por isso vamos discutir mais detalhadamente sobre este tema em um capítulo adiante. De qualquer forma, conversem sobre isso e deixem claro que seu filho pode se abrir com você se sentir necessidade. Não custa lembrar

que se alguém sofre bullying, é porque alguém FEZ bullying. Tenha certeza de que seu filho não está de nenhum lado desse triste cenário.

Dos 15 aos 18 anos de idade

Nesta fase, seu filho já pode votar, escolher uma profissão a seguir, provavelmente já teve sua primeira experiência sexual, já se apaixonou, já sofreu uma desilusão amorosa e muito provavelmente já lhe foram oferecidos cigarro, bebida ou até mesmo um “baseado” numa festa.

Muitas coisas aconteceram em apenas 3 anos, não é mesmo?

Mas seu filho é seu filho e sempre o será. E você se preocupa com ele e com o seu bem-estar físico e psicoemocional.

Com tantas mudanças e experiências novas a que são apresentados, os adolescentes podem migrar em um espectro variadíssimo de emoções: de um lado, estão as inseguranças, incertezas, vergonhas, medos e indefinições das mais variadas matizes, inclusive de orientação sexual. Do outro lado do espectro, há os que se sentem donos do mundo, seguros de si, donos da verdade, influenciadores, vencedores e para ele nada deu ou vai dar errado na vida. São os "populares".

O corpo pode ter ficado "perfeito" ou, na imensa maioria das vezes, cheios de "imperfeições", que são motivo para grandes desilusões e questionamentos.

Neste espectro, a autoestima vai de um polo ao outro, dependendo das circunstâncias.

Seus filhos são "quase" adultos. Mas não o são, cientificamente ainda, posto que a maturação completa do sistema nervoso central termina só aos 25 anos.

> A maioria dos adolescentes ainda depende economicamente dos pais e, até os 18 anos, vocês é que respondem legalmente por eles.

Por isso, fica no ar a pergunta:

Pais devem pedir para checar regularmente o celular dos filhos adolescentes?

As regras anteriores não fazem mais sentido nesta faixa de idade. Seus filhos já devem ter conhecimento adquirido e amadurecido de como andar pela internet com segurança e por isso já podem ter autonomia suficiente para fazer o que bem entenderem com os respectivos celulares.

Vocês podem sugerir mudanças de rumo desde que, claro, seus filhos não estejam cumprindo o papel deles condignamente. Isso significa, por exemplo, baixo rendimento escolar ou qualquer forma de comportamento que vá de encontro aos valores da família.

Como dito, vocês, pais, são legalmente – e de modo geral economicamente – responsáveis pelos seus filhos até os 18 anos; o que dá a vocês o direito de intervirem quando julgarem necessário. Essa intervenção pode significar pedir e checar o celular em casos de exceção.

Desta forma, pais de adolescentes de 15 a 18 anos não precisam checar periodicamente o celular dos filhos adolescentes. A não ser em casos de exceção, quando valores da família forem desrespeitados e/ou limites ultrapassados.

6

Jogos esportivos e jogos eletrônicos: qual o ponto de equilíbrio?

Vamos analisar duas cenas que todos conhecem bem e já viram inúmeras vezes na vida.

Cena 1

Jovens de 12 anos em uma quadra de vôlei.

Dois times estão prestes a se enfrentar: o verde e o vermelho. Vamos analisar os movimentos: um garoto do time verde se prepara para sacar. Para isso, ele joga a bola para o alto, dá um salto e, com o braço direito, manda um "tapa" certeiro e forte que faz a bola voar com uma velocidade incrível em direção à quadra adversária.

Os seis jogadores vermelhos estão posicionados defensivamente, com os olhos fixos na bola antes do saque. Acompanham seu movimento e, em frações de segundo, um jogador atento rebate a bola, calculando a posição do levantador. Este, em um movimento preciso e certeiro, coloca a bola no ar para que o terceiro jogador envie um "torpedo" numa cortada. Os jogadores verdes, atentos, saltam na rede para tentar o bloqueio.

O jogo se desenrola com emoção e competitividade, culminando na vitória dos verdes, que saltam de alegria e celebram a conquista do campeonato.

Os jogadores vermelhos ficam visivelmente decepcionados, e alguns não conseguem conter as lágrimas. Após tanto treino, suor e esforço, perderam na final. Permanecem unidos, formando uma fila para cumprimentar com espírito esportivo e dignidade, olho no olho, mão na mão, o time vencedor.

Em seguida, dirigem-se juntos a uma lanchonete para comer, matar a sede e discutir o jogo.

Cena 2

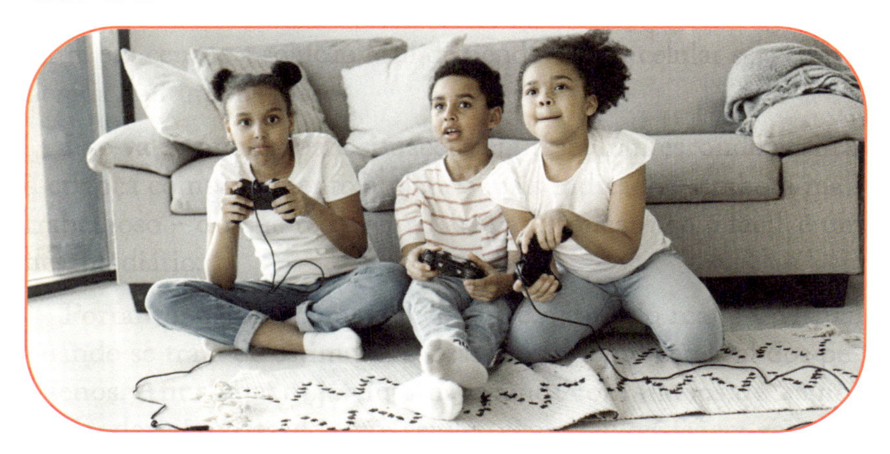

Jovens de 12 anos estão sentados na sala de um apartamento, diante de um aparelho de TV de 75 polegadas, envolvidos em um jogo de videogame. A empolgação é evidente, e seus dedos se movem freneticamente em todas as direções com o objetivo final de exterminar monstros extraterrestres que ameaçam os humanos. Aqueles que conseguem eliminar mais alienígenas invasores avançam de nível e recebem bônus.

Adultos ao lado observam impressionados a agilidade e rapidez dos movimentos digitais, permitindo que esses jovens, nas telas, pulem muros virtuais, corram com motos ou carros por pistas de corrida mirabolantes e lutem contra inimigos interplanetários, buscando alcançar novos patamares de desafios virtuais.

Tudo acontece tão rapidamente que mal têm tempo de trocar uma palavra entre si. Ao término de um jogo, alguns estão felizes e realizados por atingir o objetivo final: exterminar os invasores alienígenas e salvar o planeta. Outros precisam praticar mais, pois o planeta foi invadido, e os humanos sucumbiram.

Após o jogo, todos se dirigem a uma lanchonete para comer – sem muita sede – e discutir diversos temas, pois, mesmo os momentos intensos do jogo eletrônico, não proporcionam assunto por muito tempo.

É importante não se basear em uma ideia pré-concebida e preconceituosa de que os jogos esportivos são mais indicados do que os jogos eletrônicos. Embora seja fácil cair nessa tentação simplista, os jogos eletrônicos oferecem vantagens para o desenvolvimento e aprimoramento da agilidade mental de crianças e adolescentes. Além disso, é ilusório supor que as atuais e futuras gerações vão ficar longe dos videogames.

É impossível evitar o uso de telas para o lazer, já que as telas e suas diversas possibilidades de recreação fazem parte da vida cotidiana de todos. Vamos, portanto, tentar entender as vantagens de ambos – jogos esportivos e jogos virtuais – para encontrar um ponto de equilíbrio que possa ser considerado saudável.

Vamos começar analisando a nossa Cena 1, em que jovens jogam vôlei.

Pausa para observarmos o momento do saque em câmara lenta.

Quais são as habilidades que o jogador está desenvolvendo?

Para realizar o saque, ele teve que aprender a coordenar o movimento da bola e do corpo, o que seguramente exigiu muito treino cerebral e gasto de energia muscular. Pode-se imaginar a complexidade de equações matemáticas e trigonométricas que os neurônios resolveram para coordenar o "tapa" na bola com o salto do jogador, no momento em que a potência da força muscular no braço seria maior.

É possível perceber como os olhos do sacador e dos outros jogadores focaram em diferentes pontos ao longo da trajetória da bola? Os músculos oculares se movimentaram para perto, para longe, para cima e para baixo com uma velocidade impressionante, constituindo um exercício espetacular para a acuidade visual.

Consegue-se conceber o gasto extra de energia que as células musculares tiveram que dispor durante todo o tempo de jogo?

É factível imaginar o trabalho acelerado do coração e dos pulmões, providenciando a oxigenação necessária para que o organismo funcionasse em harmonia durante o período de maior exigência energética e calórica?

Pode-se antever a quantidade de habilidades físicas adquiridas com o esporte que serão úteis para o resto da vida?

Tudo isso podemos imaginar. No entanto, o que certamente jamais conseguiremos conceber é a quantidade de circuitos cerebrais que foram ativados ou a quantidade de sinapses realizadas para que um jogador pudesse executar seus movimentos e extravasar seus sentimentos durante o jogo.

Ao final, alguns perderam e outros ganharam. A vida é assim. Os esportes não apenas nos proporcionam lições, mas também nos preparam emocionalmente para os desafios inevitáveis que enfrentaremos adiante.

Sim, é claro, precisamos aprender a lidar com a derrota e a vitória. Bons ganhadores e perdedores se cumprimentam civilizadamente olhos nos olhos ao final de um jogo. A avalanche de emoções que toma conta do nosso corpo nesse momento é imensa. Aqueles que estão felizes pela vitória ou desapontados pela derrota podem, com a experiência, aprender a não sentir desprezo pelo perdedor ou, inversamente, raiva de quem venceu.

Podemos compreender, de fato, emocionalmente com os esportes que o respeito mútuo é digno e nos fortalece como seres humanos.

> Os esportes presenciais e competitivos têm, portanto, o potencial de nos ensinar a sermos humanos mais dignos. Essa transformação só se concretiza quando absorvemos essas habilidades emocionais por meio de interações reais com pessoas de carne e osso ao nosso redor.

Ao término, todos estão com fome e sede. Dirigem-se à lanchonete para repor as calorias, a água e os sais minerais perdidos de forma saudável durante o jogo. Tudo correto.

Agora, vamos refletir sobre a Cena 2, em que jovens estão no sofá da sala jogando videogame

Os movimentos concentram-se essencialmente nos dedos, que movem os botões em uma velocidade alucinante para garantir os pulos, os tiros, os voos, as corridas e todas as ações que os bonecos virtuais, cada vez mais sofisticados, conseguem realizar.

Com tudo isso, há estudos que mostram que os jogos aprimoram e melhoram a coordenação motora fina das mãos. Isso é particularmente importante nos dias de hoje, principalmente em algumas profissões.

Na medicina, por exemplo, as cirurgias laparoscópicas são um exemplo de sucesso. A robótica está cada vez mais presente em várias especialidades. Médicos e profissionais de saúde que, desde cedo, aprimoram sua coordenação fina de movimentos manuais certamente terão muitas chances de sucesso nestes setores tão importantes para todos nós, que eventualmente poderemos necessitar de intervenções cirúrgicas precisas.

Os olhos dos jogadores se movimentam rapidamente pela extensão da tela. O grande problema é que a tela tem uma dimensão restrita e fica a uma distância fixa do jogador. O foco de visão, portanto, é o mesmo durante todo o tempo do jogo.

Por melhores e mais sofisticados que sejam os jogos, eles não permitem uma visualização em três dimensões, não proporcionando ao jogador a possibilidade de uma acomodação visual espacial mais elaborada.

Mais à frente, veremos que o uso constante de telas aumenta a chance de miopia.

No entanto, há indiscutivelmente um lado bastante positivo que os jogos proporcionam em relação à visão dos jogadores. Vamos entender.

Os olhos focados por completo na tela, muitas vezes sem piscar, à espreita do inimigo, promovem nos jogadores uma sensibilidade visual muito maior. Isso significa que a percepção visual dos detalhes e do contraste de cores das imagens fica muito mais aguçada. Além disso, os jogadores desenvolvem maior capacidade para perceber mudanças súbitas de cores.

Nos dias de hoje, ter uma maior capacidade de percepção visual de detalhes e contraste de cores é fundamentalmente importante para a vida e para várias atividades profissionais.

O jogo segue em frente, e os invasores interplanetários querem destruir a humanidade. Os jogadores estão indiscutivelmente "estressados" para defender o planeta. Ante a possibilidade – mesmo virtual – do confronto, o organismo promove a liberação de adrenalina que faz dilatar a pupila e aumentar a frequência cardíaca e respiratória, nos preparando para o gasto energético maior.

Só que toda a ação dos jogos necessita apenas dos dedos ágeis para dar tiros, correr e pular. O corpo fica parado no sofá, e não há aquela explosão energética do confronto físico. Por isso, os jogadores virtuais em geral podem aparentar estar "estressados", pois, de fato, têm os hormônios do estresse circulando, sem a necessária "explosão física" que gasta energia e justifica o coração e pulmão trabalharem em ritmo mais acelerado.

Há, porém, jogos mais suaves que, ao contrário, ajudam a relaxar a cabeça, diminuindo a ansiedade basal de algumas pessoas. Por isso, a escolha do tipo de jogo que mais se adequa a você naquele momento é muito importante.

O que se passa no cérebro do jogador eletrônico? Será que fica mais ágil?

Quem joga videogame tem que pensar rápido. Não há a menor dúvida a este respeito. Uma vacilada e pronto. Lá se foram "vidas" e/ou preciosos pontos que deixaram de ser ganhos.

Estudos demonstram que os jogos eletrônicos DE FATO promovem uma maior agilidade em determinados mecanismos racionais. Em última análise, nosso cérebro mais estimulado ficaria, sim, com maior capacidade física para reagir frente a determinados estímulos.

Além disso, os jogos eletrônicos podem nos ajudar a adquirir algumas habilidades como, por exemplo, dirigir melhor. Isso é fato e foi publicado em um artigo científico.

Mais uma vantagem dos jogos: ajudam na socialização.

No mundo de hoje, há uma tendência enorme de isolamento pelo uso contínuo e constante de eletrônicos. Alguns jogos online permitem que os jogadores interajam entre si, o que é muito importante; principalmente na fase da adolescência.

Interessante notar que um estudo científico relacionou o maior uso de internet pelos adolescentes à maior chance de depressão. No entanto, este fato não se verificou quando os jovens estavam jogando. Muito possivelmente pelo fato de que os jogos podem promover interatividade social entre os adolescentes.

Podemos entender, portanto, que por mais atraentes que sejam os jogos, o contato com outras pessoas sempre é infinitamente enriquecedor.

O contato humano, como vemos, em todas as circunstâncias, é insuperável para nos deixar mais confortáveis, seguros e emocionalmente mais estáveis.

O final de um jogo eletrônico pode não ter a mesma dimensão do final de um jogo competitivo entre pessoas. A sensação de vitória é, sem sombra de dúvida, muito gratificante para quem a conquistou. Mas definitivamente não dá para olhar no "olho" da máquina ou da tela e aprender a ganhar. Ou a perder. Ao contrário, quando perdem, algumas pessoas têm o desejo interno – felizmente controlado – de "arrebentar" a máquina.

Não há interação humana na vitória ou na derrota eletrônica. Apenas um sentimento solitário que deve ser elaborado para que o jogo eletrônico tenha algum sentido na vida. Até porque, dar milhares de tiros e impedir que alienígenas virtuais não invadam o nosso planeta, não parece um motivo que nos dê felicidade interna suficiente que dure mais do que alguns segundos após a sensação da vitória.

Diferentemente de ganhar um campeonato real. Lembramos com prazer, para sempre, dos nossos grandes jogos dos quais participamos. Mais que isso: lembramos em detalhes dos grandes lances e das reações das pessoas. Podemos ter perdido ou ter ganhado. Não importa. Tais lembranças, muitas vezes, nos acompanham para sempre.

Ao final de um jogo eletrônico, os jovens podem também ir para a lanchonete conversar. Mas não devem ter muita fome nem muita sede, pois o gasto energético não foi tão grande assim. Por isso essa turma deve ter mais cuidado com as calorias que ingere.

Agora que refletimos sobre os dois cenários – jogos eletrônicos e esportes – vamos tentar definir, por tópicos, as vantagens e desvantagens de um e de outro, e tentar achar onde pode estar o ponto de equilíbrio.

Atividade física

Neste tópico, não há discussão: não há comparação entre os jogos virtuais e a prática de esportes. Os exercícios físicos são infinitamente superiores para a saúde do corpo e da mente.

Os esportes proporcionam inúmeras vantagens para o desenvolvimento orgânico dos músculos e todos os mecanismos necessários para os movimentos coordenados e precisos que envolvem ossos, tendões, nutrição, e principalmente trabalho cardiovascular.

Os exercícios aprimoram a noção corporal e nos tornam mais hábeis, com uma resistência física muito melhor. Sem falar nos benefícios estéticos que a prática esportiva garante.

Aliás, um dado interessante e importante que nos faz refletir sobre como a "máquina" humana é incrível é o seguinte: imaginem uma bicicleta, para exemplificar. Quanto mais é utilizada, mais vai gastando suas engrenagens. Com o passar do tempo e com o uso contínuo, vai se deteriorando até um ponto em que a troca de peças é essencial para garantir seu funcionamento. Tudo certo.

Com a "máquina" humana, não é nada assim. Ao contrário, quanto mais utilizamos um músculo, mais ele se hipertrofia e se prepara para o trabalho. Com o tempo e o uso, vai ficando cada vez mais forte. Diferentemente das "máquinas" feitas de peças inanimadas, a "máquina" humana se aprimora e se aperfeiçoa com o uso. Incrível, não é mesmo?

A atividade física, como sabemos, é um dos mecanismos mais importantes para prevenir várias doenças, dentre elas destacam-se as com alto grau de morbimortalidade, como acidentes vasculares cerebrais, hipertensão, diabetes, infarto e até depressão.

Além disso, a obesidade em crianças e adolescentes é outro sério problema de saúde que enfrentamos hoje. Uma das formas mais eficientes para ajudar a perder e manter peso, junto com a alimentação adequada, é praticar exercícios.

Visão

A miopia vem aumentando em ritmo progressivamente preocupante entre os usuários de telas. Como mencionado anteriormente, os olhos permanecem a uma distância fixa da tela, e com o tempo, perdem a capacidade de adaptação.

No entanto, na prática esportiva, esse fenômeno não ocorre. Os olhos precisam se movimentar ativamente pelo espaço tridimensional para acompanhar, por exemplo, o trajeto de uma bola.

Por outro lado, os jogos eletrônicos aprimoram a visão em detalhes e intensificam o contraste de cores. Esses benefícios são especialmente relevantes em algumas profissões, como a de um médico especializado em imagens.

Coordenação motora

Os esportes promovem a coordenação motora, uma vez que a aquisição de muitas habilidades esportivas requer amplo treinamento e precisão nos movimentos. Considere, por exemplo, praticantes de ginástica olímpica, balé, basquete, tênis etc.

Por outro lado, os videogames promovem a coordenação fina de movimentos manuais, uma habilidade de extrema importância nas profissões contemporâneas e ainda mais nas que se avizinham no futuro. Jogar videogame, portanto, é uma habilidade crucial que deve ser estimulada.

Interação social

Os videogames podem promover a interação social, pois os jogos online incentivam o contato entre pessoas que não se conhecem, espalhadas pelos diversos cantos do planeta. Isso é especialmente significativo, pois nos torna mais abertos e receptivos a outras culturas.

Num mundo que, graças à tecnologia, aproxima as culturas cada vez mais, aprender a respeitar o próximo é crucial para exercitar uma convivência pacífica e harmoniosa.

Os esportes também aproximam as pessoas e, mais do que isso, ensinam que o contato humano, olho no olho, é emocionalmente mais estimulante, proporcionando uma série de aprendizados essenciais para toda a vida. Os laços emocionais presenciais são fundamentais para nos tornarmos mais humanos, e isso, sem dúvida, é parte da essência do que somos.

Os jogos esportivos reais, portanto, parecem mais interessantes que os virtuais em alguns aspectos cruciais relacionados ao desenvolvimento e à aquisição de habilidades físicas e emocionais em crianças e adolescentes.

Isso pode indicar que, para o desenvolvimento saudável de crianças e adolescentes nos dias de hoje, a prática esportiva e os jogos eletrônicos podem se complementar em um ponto de equilíbrio saudável, que deve inclinar-se mais para a prática esportiva.

Em outras palavras, crianças e adolescentes devem necessariamente praticar esportes, seja de forma individual ou em grupo. O importante é a prática de exercícios físicos. No entanto, também podem jogar videogames, desde que com limites previamente definidos e acordados entre pais e filhos.

Qual seria a proporção aceitável entre eletrônicos e esportes que refletiria um equilíbrio saudável?

É crucial deixar claro que não existe uma regra definida para isso, mas o bom senso sugere que, para cada 2 horas de esportes, seria aceitável permitir 1 hora de videogame. Cada família, naturalmente, possui a autoridade para determinar o que considera melhor e criar um cronograma semanal para os filhos.

Além disso, é importante saber qual tipo de jogo eletrônico seu filho está jogando, já que existem jogos mais ou menos apropriados para cada faixa etária. Este ponto, no entanto, nos conduz a outra preocupação dos pais responsáveis: os jogos eletrônicos incitam à violência? Como posso evitar isso? Essas questões serão exploradas no próximo capítulo.

7

Jogos eletrônicos podem deixar meu filho mais violento?

Quem já viu crianças e adolescentes jogando talvez tenha se impressionado com a quantidade de tiros disparados com as mais inimagináveis formas de armamentos pesados. Isso, sem falar em algumas imagens que mostram os personagens atingidos pelos mísseis se desintegrando em um banho de sangue que só tem fim quando o objetivo final é atingido.

Daí a preocupação dos pais: os videogames podem incitar à violência?

Vamos refletir um pouco sobre isso.

Para iniciar nossa reflexão, voltemos um pouco no tempo e pousemos não tão longe dos dias de hoje, em uma década do século XX, antes da era eletrônica. Quais eram as brincadeiras com que as crianças se divertiam?

Além das tradicionais, como bicicletas, patins, skates e jogos variados de tabuleiro – alguns dos quais poderiam demorar horas e mais horas para terminar –, nas prateleiras das lojas de brinquedos havia um verdadeiro arsenal bélico à disposição de quem quisesse brincar.

Faziam parte desse arsenal revólveres, metralhadoras, facas de plástico com os formatos mais estapafúrdios, feitas literalmente para "trucidar" o adversário, roupas militares ou tanques de guerra, por exemplo.

Havia também – como até hoje ainda existem – personagens considerados "heróis" que se notabilizavam pela sua capacidade de exterminar os inimigos com os métodos mais violentos e inimagináveis possíveis. Tudo estava à disposição para escolher e comprar.

Após adquirir o brinquedo preferido, as crianças o empunhavam e iam "à luta" com os amigos. Dividiam-se entre "mocinhos" e "bandidos", saindo orgulhosos e cheios de poder pelas ruas, cartucheira na cintura, revólveres armados com espoletas. Para quem não sabe, a espoleta era uma fita com uma bolinha de pólvora que "explodia" quando o revólver disparava, para simular o som do tiro.

O objetivo da brincadeira era eliminar os inimigos. Quem era atingido, muitas vezes, encenava uma agonia, jogando um pouco de suco de tomate na própria roupa e se atirando no chão, fazendo a brincadeira parecer mais realista.

Quem viveu essa época pode se lembrar que era exatamente assim.

Qual é a diferença para os dias de hoje?

A forma como as crianças brincam. Só isso. O conteúdo da brincadeira é o mesmo, se pensarmos bem.

Atualmente, a brincadeira de "mocinho e bandido" ocorre nas telas. No entanto, como não poderia deixar de ser, os produtores de jogos eletrônicos deram asas à imaginação e criaram cenários incríveis e armas fantásticas. Assim, a tentação de acharmos que os jogos eletrônicos incitam à violência merece essa lembrança, pois, na verdade, as crianças sempre brincaram de polícia e ladrão, mocinho e bandido, herói ou vilão.

Observe que nos contos infantis de princesas, sempre há, também, a bruxa malvada ou o vilão que tem por objetivo eliminar o herói ou heroína.

Não custa lembrar:

- A madrasta da Branca de Neve manda um caçador matá-la na floresta e, ainda por cima, trazer-lhe o coração da menina em uma caixa como prova do assassinato consumado.
- O tio do Simba, no Rei Leão, mata o irmão e, como se não bastasse, consegue fazer com que o sobrinho se sinta culpado pelo assassinato do próprio pai.
- A madrasta da Cinderela a trata como escrava doméstica.

Querem mais violência do que isso?

Aliás, nenhum herói ou heroína tem pai ou mãe presentes. Todos são órfãos, entregues à própria sorte, com madrastas ou padrastos terríveis que os subjugam com os métodos mais perversos.

Todos nós, seres humanos, encontramos – ou tentamos encontrar – diferentes formas para compreender, elaborar, expurgar, conviver, aceitar ou refutar nossos temores e questões pessoais mais íntimas, muitas das quais não temos o conhecimento racional preciso. Apenas emoções desencontradas, como um jogo de quebra-cabeça que ainda não foi formado.

Alguns fatos impostos pela própria vida e, principalmente, as artes, são capazes de nos fazer viajar para dentro de nós mesmos e, de viagem em viagem, de itinerário em itinerário, vamos tendo oportunidades de juntar as peças.

Assim, filmes, peças de teatro, livros com suas histórias fantásticas e também as brincadeiras – reais ou eletrônicas – podem ser as "passagens" para nosso mundo interior, ajudando a nos encontrar e a juntar nossas próprias "pecinhas".

Nem sempre temos a objetividade racional disso, o que não tem importância. O fato é que ao ver a Cinderela sofrendo enquanto está limpando o chão, sem pai ou mãe para protegê-la, com uma madrasta carrasca e sem piedade mandando e desmandando, elaboramos sentimentos e emoções internas que nos modificam, muitas vezes sem nos darmos conta.

Quando nossos filhos disparam tiros – de espoleta ou nas telas – por todo lado a fim de trucidar os inimigos, podem estar extravasando sentimentos de uma forma lúdica e até mais saudável. Será que represar todos esses "tiros" dentro de si mesmo seria uma alternativa melhor?

Definitivamente, os jogos eletrônicos são a expressão moderna de tudo o que sempre aconteceu no mundo. Há situações extremas? Claro que sim. Sempre houve, em todos os tempos. Por isso, cabe aos pais ficarem atentos e observar se seus filhos compõem um grupo minoritário – reitera-se: minoritário – que pode derivar para um comportamento mais agressivo.

Um comportamento excessivamente agressivo é uma questão que merece ser entendida e terapeuticamente avaliada e orientada por um especialista da área psicológica.

Importante salientar, porém, que a agressividade fora do padrão é muito mais uma questão interna, de cada um, de acordo com sua constituição psicológica, biológica e seu entorno ambiental, do que uma questão formada por jogos ou por histórias.

Dado o vasto e infinito propósito da internet, os jogos eletrônicos também, obviamente, devem ser monitorados pelos pais quanto ao seu conteúdo.

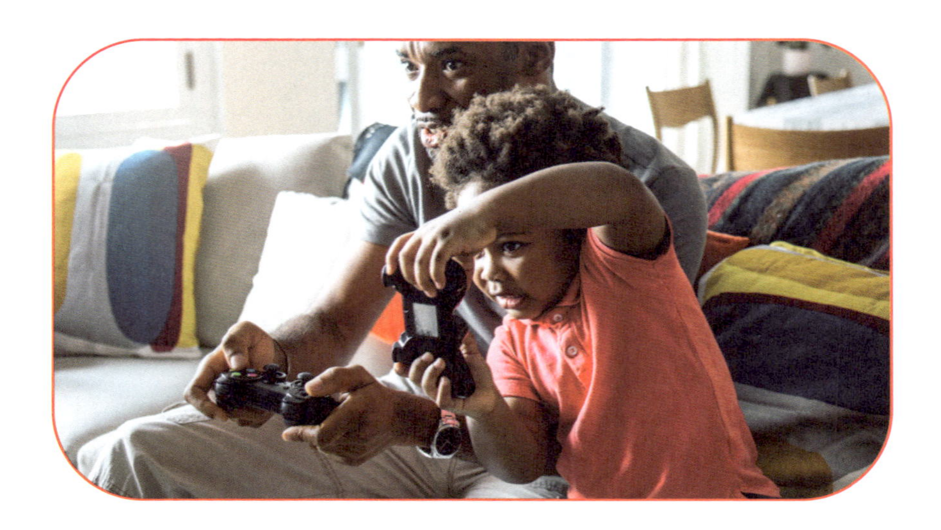

Portanto, vamos à próxima questão:

Quais são os cuidados que os pais devem ter quando o filho está jogando?

Em primeiro lugar, vocês devem estar cientes do conteúdo dos games que seus filhos estão jogando. Isso é importante, e os valores familiares devem ser considerados na escolha dos jogos.

Tenham muito cuidado com os jogos online. Idealmente, eles estariam mais indicados para adolescentes maiores de 15 anos, que já têm maturidade e discernimento para entender conversas "esquisitas" que algum jogador desconhecido pode querer manter.

Para os menores de 15 anos, os melhores são os videogames offline. Se eles realmente quiserem jogar online, seja lá por qual razão for, que seja na sala ou em um ambiente coletivo da casa, sem fones de ouvido e sempre com um adulto responsável e atento por perto.

Outra dica importante: videogames devem ter hora para começar e, principalmente, hora para acabar. Isso deve ser previamente acordado com seus filhos para não haver reclamações depois. As regras devem ser claras e respeitadas. Isso está bem explicado no Capítulo 3.

Fiquem atentos aos sinais de estresse que seu filho pode demonstrar caso não tenha acesso aos games. Discutiremos mais sobre esse tema relevante em capítulo específico mais adiante.

Além dos games, nossas crianças e adolescentes têm outros interesses no vasto mundo que a internet oferece. As redes sociais, os filmes e séries disponíveis online e o culto aos influenciadores digitais são alguns exemplos de uso recreativo que fazem muito sucesso hoje em dia. Como podemos lidar com tudo isso?

Vamos refletir juntos no próximo capítulo.

8

Filmes, séries, youtubers e influenciadores digitais: por quanto tempo posso deixar meu filho se entreter com tudo isso? São seguros?

A internet é um universo em constante expansão. A quantidade de informações e entretenimento disponível quase beira o infinito. Mais que isso, o acesso a esse universo virtual é facílimo, e bebês – antes mesmo de aprenderem a falar – já conseguem entender a fórmula exata e precisa de mover os dedinhos para ligar as telas mágicas. Em menos de um segundo, aprendem a clicar no ícone de interesse, e pronto: a galinha ou o porquinho começam a cantar. Detalhe: ninguém nunca ensinou esses bebês a ligar ou desligar o celular. Eles apenas observam os movimentos dos adultos, e essa linguagem digital é aprendida e apreendida quase que por instinto. Definitivamente, esses bebês de hoje não passarão sua existência sem as telas.

Há diversão para o interesse de todos. Os idosos, deste começo de século, XXI, entendem perfeitamente o significado de "curtir", "compartilhar" ou "acessar o link", por exemplo. "Amigo" e "seguir alguém" são palavras que ganharam um significado diferente na era virtual.

> As plataformas digitais criaram novas formas de trabalho e também novas "profissões", para as quais, na maioria das vezes, exige-se mais criatividade e talento pessoal do que formação acadêmica tradicional. Tudo é muito novo, e essa turma que está na vanguarda dessas novas "profissões" são seus próprios professores. Aprendem com a prática, com o sucesso e, principalmente, com os seus erros.

Assim surgiram, por exemplo, os blogueiros, influenciadores digitais nos mais variados temas, instrutores de videoaula e os youtubers. Muitos destes viraram celebridades consumadas, cujo "passe" se tornou uma valiosa moeda.

A tradicional cena da família na sala, dividindo um sofá e assistindo ao mesmo programa de TV depois do jantar, foi perdendo espaço aos poucos. Hoje, existe apenas em algumas fotos de uns 30 anos atrás, guardadas nos álbuns ou nos porta-retratos. Agora, cada um tem sua própria tela, e em algumas poucas ocasiões, por mero acaso, encontram-se na sala, clicando avidamente seus aparelhinhos, alheios uns aos outros e ao ambiente familiar em que estão.

Estes são nossos dias. Neste universo atraente que a internet abre para todas as idades, dúvidas e oportunidades de entretenimento, uma regra vale ser lembrada: podemos conviver com as telas, mas não viver em função delas.

Crianças e adolescentes encontram suas formas preferidas de entretenimento. Uns preferem jogos, outros seguem youtubers, e há os que adoram ver séries e suas intermináveis temporadas.

Neste novo universo, a insegurança e a dúvida dos pais são pertinentes:

- Existe uma forma segura para deixar meu filho seguir esses influenciadores digitais ou youtubers?

Agora, vamos viajar no tempo por alguns segundos. Volte para qualquer época histórica que desejar, desde que seja antes da chegada da internet no mundo.

Vamos supor que você "viaja" para a Grécia antiga, e lá se depara com um grupo de crianças ou adolescentes conversando. Você chega perto e pergunta para cada um deles quem é que eles gostariam de ser ou quem é que eles admiram muito. Todos, muito provavelmente, têm uma resposta pronta e rápida para te dar. Uns escolheram um atleta, outros um artista, e há também os que escolheram um professor.

Isso quer dizer que todos nós, humanos, independentemente de nossa época histórica, temos ídolos que admiramos. Isso é totalmente normal e faz parte do nosso crescimento enquanto pessoas. Em todas as idades, vale salientar. Até idosos têm seus ídolos. Tudo certo.

Os ídolos surgem na vida das pessoas e se tornam conhecidos de uma forma ou de outra; aí sim, dependendo da sua época histórica. Na Grécia antiga, muitos se fizeram conhecidos nos palcos dos teatros ou nas escolas; na Idade Média, muitos autores de livros tornaram-se ídolos; já no século passado, o rádio e depois a televisão e o cinema deram visibilidade para muitas pessoas.

Agora temos a internet, que veio para democratizar a comunicação e garantir o acesso livre para milhares de pessoas. Só que pela "seleção natural virtual", tem que ser muito bom para ganhar esta dificílima concorrência aberta a todos e se tornar um ídolo digital com, pelo menos, milhares de seguidores. Não é fácil ser um ídolo digital. Há que ter muito talento pessoal e até mais que isso: capacidade criativa de renovação diária e constante dos conteúdos.

O menor descuido tem resultado instantâneo: o número de seguidores diminui. Sim, a internet é uma juíza impiedosa e implacável.

Assim, nossas crianças e adolescentes deste século – tal e qual nossos antepassados historicamente mais longínquos – não fazem nada diferente: também cultivam ídolos. Só muda a forma como fazem isso. Hoje admiramos e seguimos virtualmente nossos ídolos nas plataformas digitais e nas redes sociais.

Cabe, portanto, aos pais e responsáveis executar a mesma tarefa educativa de vigilância que nossos tataravôs nos ensinaram há muito tempo: saber quem são e estar atentos ao conteúdo postado pelos ídolos de seus filhos.

Observem com atenção se tal conteúdo está de acordo com o que vocês consideram adequado para a idade de seus filhos.

É obvio que nem todo conteúdo seguido por seus filhos vai contribuir para seu crescimento sociocultural, como seria o desejo de vocês, pais. Claro que não é assim que funciona, no mais das vezes. Seus filhos querem tão somente se entreter e descansar a cabeça, como nós, adultos, muitas vezes também queremos.

Estejam certos, porém, que os limites do bom senso, de acordo com os valores que a família preza e acredita, não foram ultrapassados.

Para isso, vocês devem também seguir as pessoas por quem seus filhos cultivam admiração. Deixem isso claro desde o início e sempre que possível comentem algum assunto ou vídeo postado para saber a opinião dos seus filhos a respeito.

Não custa lembrar que escutar o que seus filhos têm a lhes dizer é muito importante. Claro que vocês podem (e muitas vezes devem) discordar, mas procurem não o fazer desmerecendo ou inferiorizando a posição de seu filho. A conversa com respeito é a base estrutural de uma relação de confiança mútua onde ambas as partes só tendem a se engrandecer.

Mas respirem aliviados: existe sim uma fórmula segura para deixar seus filhos seguirem os youtubers e influenciadores digitais. Vocês também devem segui-los, e de vez em quando, conversar sobre alguns vídeos e/ou assuntos postados.

Incluam-se, com a devida descrição, no mundo virtual dos seus filhos. Só que para isso vocês precisam seguir uma regra de ouro: jamais exponham seus filhos a quaisquer situações embaraçosas. Isso significa, por exemplo, evitar comentários – pior ainda de forma jocosa ou irônica – sobre as pessoas que seus filhos seguem ou sobre suas atividades preferidas na net. Só com respeito ao outro – no caso, ao seu filho – é que se consegue ganhar a confiança e, em consequência, obter a segurança que tantos pais almejam.

Neste cenário, vocês conseguirão construir, dentro do espaço infinito que a internet oferece, um terreno "seguro" por onde seus filhos poderão caminhar com a sensação de liberdade, mesmo que sabendo-se vigiados por vocês. Na realidade, esta sensação de "vigilância" positiva dá às crianças o sentimento de proteção que, no mais das vezes, também lhes traz segurança e conforto.

Isso é o ideal e não é impossível de conseguir. Só que vale apenas para crianças e pré-adolescentes. A partir dos 12 ou 13 anos tudo começa a mudar.

Adolescentes têm, como uma de suas características mais marcantes, o ímpeto de desafiar o mundo e suas regras. Consideram-se donos da verdade absoluta. Só eles sabem tudo. Seus pais em geral sabem muito pouco ou quase nada.

Até a vida passa a ter um valor relativo: constantemente, os adolescentes a desafiam, expondo-se a situações de risco muitas vezes fúteis e inúteis, pelo simples fato de desafiar regras. Dirigem carros ou motos em alta velocidade sem habilitação, são dados a esportes radicais, fazem sexo sem proteção e por aí vai. Vale a pergunta:

Como controlar adolescentes no universo infinito da internet?

Esta é uma tarefa quase do tipo "missão impossível".

Não custa lembrar que até os 18 anos, os adolescentes são responsabilidade dos pais. Moram e têm as contas pagas – inclusive a do celular – por vocês, pais e/ou responsáveis.

No entanto, é comum o hábito contínuo dos adolescentes de desafiar vocês, pais, e querer passar horas nas telas. Controlá-los de uma hora para outra é praticamente impossível. Por isso, a melhor e mais eficiente solução é a "prevenção".

Como se aplica a "prevenção"?

Como o próprio nome diz: ensinando antes. Assim que seu filho ganhar o primeiro celular, é importante que os limites e valores sejam bem definidos. Com limites de uso aprendidos e, principalmente, com valores assimilados, os pais podem ficar mais "tranquilos" nesta fase em que os desafios se tornam o motor contínuo que norteia suas ações.

Confiem na educação que vocês deram e sigam orientando seus filhos adolescentes, tratando-os, a partir de agora, como "quase adultos" que – se espera – têm a capacidade e inteligência para ceder a argumentos bem estruturados.

Se o seu filho adolescente, não obstante a "prevenção" ou tudo o que vocês ensinaram, insiste em seguir pessoas com valores obtusos, só há uma saída possível: conversar abertamente.

Vamos supor que seu filho esteja em um grupo que postou um filme onde os participantes – incluindo ele – ensinam uma brincadeira perigosa como ver quem consegue ficar mais tempo sem respirar, por exemplo.

Não adianta sair gritando com seu filho ou confiscar o celular dele por 15 dias. Tenha certeza de que terminado o "castigo", ele fará tudo de novo.

Há que se conversar para educar. Milhões de vezes, se necessário for. Preparem-se com dados claros sobre cada conversa que tiverem.

Argumentem, por exemplo, sobre os perigos de ficar sem respirar (pode-se desmaiar e bater a cabeça no chão, por exemplo), e principalmente procurem saber qual o objetivo ou o prazer que existe em prejudicar outras pessoas.

Portanto, vocês, pais, devem se munir de dados para argumentar inteligentemente com seus filhos adolescentes em uma conversa calma e ao mesmo tempo firme.

Argumentos autoritários em geral são destituídos de autoridade e muito menos de respeito. Por isso, autoritarismo sem autoridade e respeito não funciona. Argumentos vazios do tipo "porque eu mando em você" também têm pouco efeito.

A conversa contínua e incansável, como vemos, está na base de uma relação que pode ser de confiança entre vocês, não obstante as infindáveis tentativas de infração que os filhos adolescentes por natureza tendem a executar.

Conversar e conversar: esta é a única forma serena que pais têm para lidar com o desafio de limitar e/ou orientar o uso da internet quando seus filhos adolescentes se tornaram extremamente rebeldes ou desafiadores.

Se a conversa, por alguma razão, não der certo, lembrem-se que quem paga a conta do celular e todas as outras são vocês. Sempre há uma forma ou outra de colocar seus filhos em um caminho mais salutar, mesmo que vocês tenham que tomar atitudes mais radicais.

Uma dica: se vocês tiveram que chegar ao extremo de confiscar o celular de seus filhos, que seja por um período mínimo de 30 dias. Sem voltar atrás. Só uma decisão muito fundamentada em argumentos sólidos sustenta tanto tempo.

As redes sociais são outra questão importante no universo adolescente. Quando seu filho pode ter sua própria página nas redes? Esse é um assunto para o próximo capítulo.

9

Redes sociais: quando deixar meu filho ter sua própria página?

Posso permitir que meu filho de 10 anos, que acaba de ganhar um celular, tenha seu próprio perfil nas redes sociais?

A resposta a essa pergunta é um simples NÃO. Conforme as regras estabelecidas pelo Facebook, Instagram, YouTube e outras redes sociais, a idade mínima permitida para criar um perfil próprio é a partir de 13 anos.

Antes dessa idade, as crianças ou pré-adolescentes são muito imaturas para lidar com todas as consequências que um perfil, geralmente atualizado várias vezes ao dia, pode trazer.

Entretanto, no Brasil, muitos pais consideram seus filhos aptos a serem expostos precocemente nas redes. De acordo com um estudo do *Tik Kids On Line* Brasil em 2022, 86% das crianças e adolescentes de 9 a 17 anos que acessam a internet têm perfil em redes sociais, sendo 78% no WhatsApp, 47% no Facebook, 64% no Instagram e 60% no TikTok.

Isso levanta a seguinte pergunta: por que pais brasileiros optam por desrespeitar as regras estabelecidas pelas redes sociais e permitem que seus filhos tenham um perfil antes da idade recomendada de 13 anos?

A resposta só pode ser uma: ignorância em relação às consequências perigosas que essa "permissão" pode acarretar para seus filhos.

Vamos elucidar por que o uso de redes sociais deve ser permitido apenas para adolescentes com mais de 13 anos.

O que significa ter um perfil nas redes sociais para cada um de nós?

Significa apresentar-se a um universo de pessoas, físicas ou jurídicas – ou "*fakes*" – das mais variadas matizes e opiniões, que podem estar em qualquer parte do mundo querendo conversar, vender produtos, ganhar seguidores, convencer, influenciar ou simplesmente conhecer as preferências individuais para compor um enorme banco de dados de cada um de nós.

O grande temor, não apenas de muitos pais, mas também de muitas pessoas, é que nesse universo aberto e democrático onde todos convivem, a exposição pode gerar alguns "perigos" virtuais que todos conhecemos. Talvez o exemplo que mais se destaque como temível seja o risco de um pedófilo seguir seu filho e começar a pedir fotos indiscretas.

Isso pode acontecer, e vocês, pais, têm, obviamente, o dever de orientar seus filhos, especialmente se permitiram que menores de 13 anos tenham perfil nas redes sociais. Encontrem formas fáceis e claras de explicar aos pequenos o significado do risco de ser seguido por um pedófilo ou pessoa mal-intencionada.

Será que meu filho de 10 anos tem maturidade para entender isso?

Essa é uma questão crucial, e cada um de vocês deve conhecer seu filho melhor do que qualquer outra pessoa. No entanto, não é fácil responder sem se deixar levar pelas emoções naturais que os pais nutrem por seus filhos. Uma sugestão valiosa para refletir sobre essa questão, sem cair na tentação de ignorar a realidade, é fazer essa pergunta a si mesmo em um momento de calma e tranquilidade interior, quando estiver sozinho(a) com seus pensamentos mais íntimos.

> No entanto, há outra questão delicada que pode escapar ao controle dos pais: qual é a imagem que meu filho está projetando de si mesmo nas redes sociais?

Podemos pensar que não há mal algum em a criança ou o adolescente ter um perfil e amigos nas redes sociais. Afinal, é para isso que elas existem, não é mesmo?

Entretanto, existem questões ocultas que merecem nossa reflexão. Essa reflexão não se aplica apenas a filhos com menos de 13 anos, mas a todos os adolescentes e até mesmo a nós, adultos, que possuímos perfis nas redes sociais.

O mundo atual exige demasiadamente de todos nós. Exige sucesso incontestável, um corpo perfeito, a degustação diária dos pratos mais incrivelmente preparados e dos vinhos mais disputados, uma alegria eterna, risos ininterruptos e viagens paradisíacas para manter um falso estado de felicidade contínua.

Esse é, na verdade, o ambiente das redes sociais. Consegue identificar alguém que tenha uma foto de perfil no momento em que acorda pela manhã? Ou que compartilhe um fracasso, uma viagem em que tudo deu errado, um medo, uma angústia ou uma espinha que apareceu no rosto?

Pouco provável, não é mesmo?

Na realidade das redes sociais, as pessoas tendem a construir um personagem delas mesmas. Publicam seus melhores momentos, as melhores fotos e tudo o que possa mostrar para os outros algo que poderia ser resumido em uma frase mais ou menos assim: "vejam como eu sou incrível e como minha vida é espetacular".

Esse "personagem" precisa ser alimentado diariamente para não cair no esquecimento alheio. O "dono" do personagem, ao postar uma nova atualização, fica ansioso para saber quantas curtidas, corações, comentários ou compartilhamentos conseguiu. Tanto é verdade que o Instagram retirou a possibilidade de saber quantas curtidas cada postagem recebeu, para evitar uma competição inútil entre as pessoas ou com outros seguidores.

O problema frequente observado é que o personagem criado e constantemente nutrido vai aos poucos se distanciando do seu criador original em vários aspectos. Assim, criador e criatura tornam-se "indivíduos" diferentes.

Vamos considerar um exemplo: um "criador" ganhou 4 kg, fez um corte de cabelo que definitivamente não ficou bom e está enfrentando um dia particularmente ruim, evidenciado por uma expressão de mau humor e cansaço.

Entretanto, o perfil e as fotos não foram alterados. A "criatura" continua magra, com os cabelos perfeitos, feliz e sem problemas. Ao encontrar uma amiga seguidora na rua, cumprimenta-a e não pode deixar de notar a expressão surpresa ao perceber que ele está mais gordo e com os cabelos "diferentes".

Somos humanos, não personagens de nós mesmos. O sentimento imediato é de frustração e inferioridade diante da imagem construída. Se o cabelo não crescer de novo e o criador não conseguir emagrecer, terá duas opções: mudar a criatura ou parar de postar suas próprias fotos nas redes.

As consequências disso para a autoestima podem ser graves. Adultos maduros têm mais recursos psicológicos para lidar com isso, uma vez que já passaram pela fase de autoafirmação. No entanto, crianças e adolescentes estão em plena fase de afirmação e não possuem um psicológico tão sólido para lidar com situações que possam levar a uma queda na autoestima ou que possam ser motivo de "zoeira".

> Muitos adolescentes constroem seus personagens e se escondem atrás deles, evitando se mostrar como "pessoas" reais. Preferem ficar fechados no próprio quarto, envergonhados de serem vistos como seres humanos com falhas. Administrar um personagem com "filtros" e "Photoshop" é muito mais fácil do que se expor de carne e osso, com todos os defeitos tão humanos que todos nós temos.

Note como os adolescentes têm milhares de amigos virtuais, mas poucos amigos reais. Somos humanos e precisamos de humanos ao nosso lado para sobreviver. Precisamos estar em contato com nossas imperfeições tão incrivelmente humanas. Compreendemos e aceitamos melhor nossos "defeitos e falhas" quando reconhecemos os mesmos ou outros "defeitos e falhas" nas pessoas que estão ao nosso lado.

Se você se sente mais envelhecida, com algumas rugas a mais no rosto e com menos energia para festas, por exemplo, ao encontrar uma amiga de carne e osso, ela pode compartilhar que está com celulite nas pernas e com hérnia de disco. Solidarizam-se nas imperfeições de cada uma, criam laços embasados na empatia mútua e se identificam, o que proporciona mais tranquilidade e capacidade para seguir em frente, pois sabem que não estão sozinhas. Essa conexão é essencial para termos mais paz em nosso caminho.

Dados apontam um aumento inegável, e preocupante, nas taxas de depressão e, ainda mais grave, nas taxas de suicídio entre os adolescentes, crescendo em um ritmo constante desde a popularização dos smartphones e a onipresença das telas.

Certamente, isso não é a única causa, como discutiremos em um capítulo específico mais adiante. Entretanto, pesquisas indicam que o uso de telas e a propensão à solidão exercem uma influência significativa nas taxas de depressão em adolescentes.

Mantenha sempre um diálogo aberto com seu filho e siga-o como "amigo" para compreender o que está acontecendo.

No mundo virtual, não há espaço para imperfeições. Há apenas pessoas que vivem em um mundo perfeito. Isso pode ser terrível para os adolescentes, que, por características próprias da fase, temem ficar fora de um grupo.

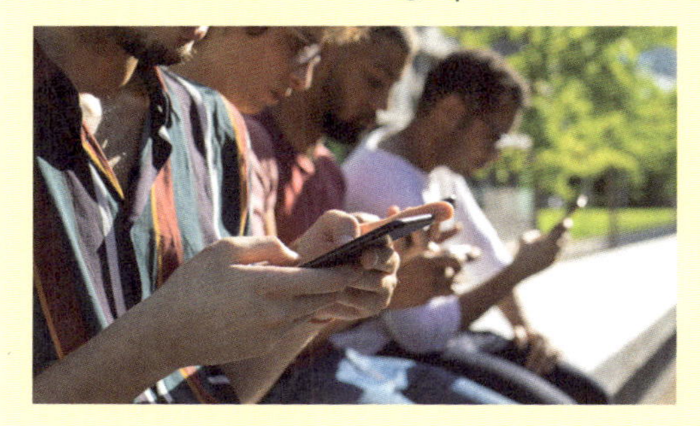

Respeite a regra de ouro: nunca faça comentários nas páginas de seus filhos. Vocês são pais e, por esse motivo, qualquer palavra ou postagem pode constranger seus filhos e levá-los a "bloquear" vocês.

> Em suma, a idade mínima recomendada para permitir que seu filho tenha um perfil nas redes sociais é de 13 anos. Antes disso, é improvável que os pré-adolescentes possuam maturidade suficiente para enfrentar os desafios inevitáveis que surgirão.

Fique atento e perceba se há algum descompasso entre o perfil criado por seu filho adolescente e a realidade da vida familiar. Converse sempre que julgar necessário e, acima de tudo, incentive amizades reais, olho no olho, com imperfeições evidentes, para que a vida que se desenha para ele seja mais humana e, portanto, notavelmente mais interessante.

E se sua filha tem um perfil em uma rede social? Como reagir se descobrir que ela postou uma foto de biquíni, adotando uma pose sensual? Este será o tema do nosso próximo capítulo.

10

Nudes e *sexting*: como os pais devem agir?

O culto ao corpo é uma realidade em nossa sociedade atual. Concordemos ou não, é assim que as coisas funcionam, especialmente durante a adolescência, quando os novos "corpos" estão se moldando e as novas formas físicas emergem diariamente tanto para o próprio adolescente quanto, é claro, para aqueles que o observam em sua transformação corporal. É uma surpresa diária: garotos e garotas aparecem (ou não) com espinhas, alguns crescem demais, ficam altos e magros, outros crescem menos e reclamam das gorduras que se acumularam. Garotas se queixam do tamanho e das formas dos seios que geneticamente receberam, enquanto garotos comparam o tamanho dos respectivos órgãos genitais, e assim por diante. A preocupação com a maneira como esse novo corpo evolui e se estabiliza é constante e engloba todos.

É a fase que todos querem ir para a academia malhar para moldar os músculos, tomar suplementos mágicos de proteínas e outros nutrientes que, segundo ouviram falar, promovem hipertrofia muscular.

E assim o mundo anda. E assim a natureza determinou que algumas pessoas conseguem, de fato, graças à genética e também ao próprio esforço, um corpo escultural, sonho de consumo de todos. Mas o interessante é que o corpo incrível não tem muita graça se só aparece para poucas pessoas. É aí que entra a tecnologia.

O corpo incrível não tem muita graça se só aparece para poucas pessoas.

O mundo conectado permite que este corpo maravilhoso seja difundido nas redes e apresentado ao mundo inteiro em frações de segundos. Assim, as redes compartilham nudes, que são fotos ou vídeos eróticos ou sexualmente sugestivos de adolescentes que não atingiram a maturidade ainda; menores de idade, que postam estas fotos ou vídeos em poses sensuais, com ou sem roupa, para quem quiser ver. Estas imagens podem ou não ser acompanhadas de *sexting*, que são textos com conteúdos íntimos e eróticos.

Qual a consequência desses nudes e *sexting* para o adolescente? Como os pais devem agir?

Importante saber que a forma como os adolescentes se relacionam e exploram sua sexualidade também mudou significativamente nos dias atuais. No entanto, a prática de postar textos, nudes ou fotos com sugestões eróticas traz uma série de consequências que merecem ser discutidas e compreendidas.

Primeiro, é importante destacar que os nudes na adolescência podem ter implicações legais. Muitos adolescentes não têm plena consciência das leis de pornografia infantil e do impacto que o compartilhamento de imagens explícitas pode ter em suas vidas. Enviar ou receber nudes de menores de idade é crime e pode resultar em acusações criminais, que podem ter repercussões graves.

Enviar ou receber nudes de menores de idade é crime e pode resultar em acusações criminais, que podem ter repercussões graves.

Além disso, o compartilhamento de nudes pode ter consequências emocionais significativas para os adolescentes. A pressão para enviar nudes ou o medo de que as imagens sejam compartilhadas sem consentimento podem causar ansiedade e estresse. A exposição de partes íntimas do corpo em uma idade em que os adolescentes estão apenas começando a compreender sua própria sexualidade pode levar a sentimentos de vergonha e inadequação. A falta de maturidade emocional para lidar com as complexidades dos relacionamentos pode resultar em arrependimento e conflitos interpessoais.

Outro aspecto crítico e condenável é a disseminação não consensual de textos ou nudes, também conhecida como *revenge porn* (pornografia de vingança). Isso ocorre quando uma pessoa compartilha imagens íntimas de outra pessoa sem seu consentimento, muitas vezes após o término de um relacionamento. Isso não apenas viola a privacidade e a confiança da vítima, mas também pode causar danos psicológicos profundos, como depressão, ansiedade e sentimentos de humilhação.

Além das implicações legais e emocionais, os nudes na adolescência também podem afetar negativamente a reputação online dos jovens. Uma vez que uma imagem é compartilhada na internet, ela pode se espalhar rapidamente e se tornar permanente. Isso significa que os adolescentes correm o risco de terem suas imagens íntimas compartilhadas em grupos de mensagens, redes sociais ou até mesmo em sites de pornografia, resultando em danos duradouros à sua imagem e autoestima.

É crucial que os pais, educadores e profissionais de saúde estejam cientes dessas consequências e envolvam os adolescentes em discussões abertas e educativas sobre o tema. Ensinar aos jovens sobre a importância do consentimento, do respeito pela privacidade e dos riscos associados ao compartilhamento de nudes pode ajudá-los a tomar decisões mais informadas e responsáveis.

Além disso, é fundamental promover uma cultura de respeito e empatia entre os adolescentes, incentivando-os a pensar nas consequências de suas ações e a apoiar aqueles que possam ser vítimas de disseminação não consensual de nudes. As escolas e comunidades também podem desempenhar um papel vital na educação sobre a segurança online e na implementação de políticas de prevenção ao *cyberbullying* e à disseminação de imagens íntimas sem consentimento.

⚠ CONCLUSÃO

- O *sexting* e os nudes na adolescência não devem ser subestimados, pois têm o potencial de afetar profundamente a vida dos jovens.
- É fundamental abordar essas questões com sensibilidade e fornecer orientação adequada para que os adolescentes possam fazer escolhas responsáveis, proteger sua privacidade e desenvolver relacionamentos saudáveis e respeitosos.
- A educação e a comunicação aberta desempenham um papel fundamental na mitigação das consequências negativas associadas ao compartilhamento de nudes na adolescência.

Pais, fiquem atentos aos *posts* de seus filhos, promovam e estejam sempre abertos a conversas. Esse é o melhor caminho.

Cyberbullying: o que é isso?

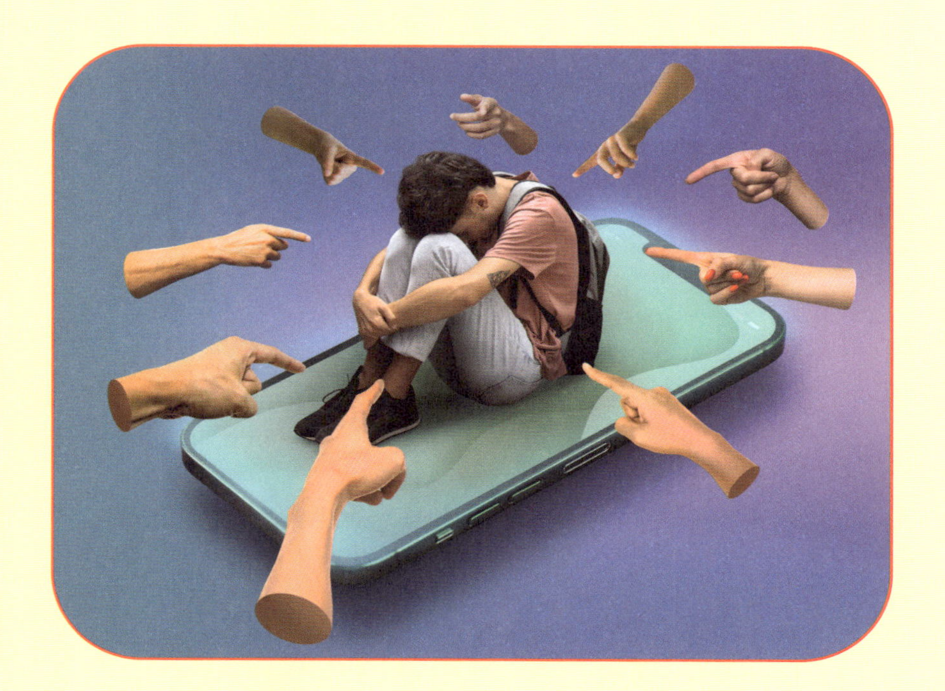

Seu filho ou filha teve uma mudança abrupta de comportamento? De repente, tornou-se mais isolado(a), irritado(a), evitando encontrar amigos e exibindo sinais de medo, insegurança, insatisfação ou mau humor?

Certamente, uma conversa aberta é essencial. Verifique se seu filho ou filha não está sendo vítima do que chamamos de *cyberbullying*.

Mas o que exatamente é o *cyberbullying*?

O *cyberbullying* é uma forma de assédio e/ou intimidação que ocorre online, envolvendo o uso de tecnologia, como smartphones, redes sociais, mensagens de texto e e-mails, para difamar, insultar, ameaçar ou humilhar outra pessoa. Essa prática pode assumir diversas formas, incluindo o compartilhamento de informações pessoais, o envio de mensagens ofensivas, o uso de apelidos depreciativos e a criação de perfis falsos para difamar alguém.

> Infelizmente, essa prática é mais comum entre adolescentes que compartilham um mesmo ambiente, como a escola. É uma situação terrível que pode ter consequências devastadoras para as pessoas envolvidas.

Alguns dos impactos mais comuns incluem:

- **Problemas de saúde mental:** vítimas de *cyberbullying* frequentemente experimentam ansiedade, depressão e até pensamentos suicidas devido ao estresse e à humilhação associados ao assédio online.
- **Desempenho escolar afetado:** o *cyberbullying* pode distrair os adolescentes, prejudicando seu desempenho acadêmico. Eles podem evitar a escola, perder o foco nas aulas e ter dificuldade em se concentrar nos estudos.
- **Isolamento social:** as vítimas de *cyberbullying* podem se sentir isoladas e ter medo de interagir com os colegas, o que pode afetar negativamente sua capacidade de desenvolver relacionamentos saudáveis e de construir amizades.
- **Impacto na autoestima:** o *cyberbullying* pode minar a autoestima e a autoconfiança dos adolescentes, levando a uma imagem negativa de si mesmos.

Embora seja difícil imaginar que alguns adolescentes possam ser tão cruéis com outros, infelizmente, essa é a realidade. Por isso, pais e educadores devem estar sempre atentos para transmitir valores humanos essenciais a uma convivência harmoniosa e pacífica, onde as diversidades – tão importantes para todos nós – são respeitadas em quaisquer circunstâncias.

Ao nos depararmos com essa situação terrível e devastadora que é o *cyberbullying*, é crucial saber agir. Este é um problema que afeta a todos: família e comunidade.

Pais e educadores devem identificar quem está sendo vítima do *cyberbullying* e agir para impedir que essa prática desprezível evolua. Para tanto, aqui vão algumas dicas:

- **Comunicação aberta:** incentive os adolescentes a conversarem abertamente com pais, professores ou outros adultos de confiança sobre o *cyberbullying* que estão enfrentando. A comunicação é essencial para buscar ajuda e apoio.
- **Educação e sensibilização:** escolas e comunidades devem implementar programas de educação sobre o *cyberbullying* para conscientizar os adolescentes sobre seus impactos e como prevenir essa prática. Os jovens devem ser incentivados a denunciar incidentes de *cyberbullying*.
- **Configurações de privacidade:** ensine aos adolescentes como fazer corretamente as configurações de privacidade nas redes sociais e em outras plataformas online para proteger suas informações pessoais.
- **Apoio psicológico:** vítimas de *cyberbullying* podem precisar de apoio psicológico para lidar com o trauma emocional. Ter acesso a serviços de saúde mental é fundamental.
- **Medidas disciplinares:** quando o *cyberbullying* ocorre na escola, devem ser tomadas medidas disciplinares contra os agressores para garantir que compreendam as consequências de suas ações.

- **Promoção do respeito e empatia:** eduque os adolescentes sobre a importância do respeito pelos outros e da empatia para prevenir o *cyberbullying*. Eles devem entender que suas palavras e ações online têm um impacto real na vida de outras pessoas.

 **CONCLUSÃO**

- Em resumo, o *cyberbullying* é um problema sério que afeta muitos adolescentes e pode ter consequências devastadoras.
- Educação, comunicação aberta e apoio são fundamentais para enfrentar esse desafio.
- É responsabilidade de pais, educadores e comunidades trabalharem juntos para criar um ambiente online seguro e respeitoso para os adolescentes, onde o *cyberbullying* seja condenado e tratado com seriedade.

12

FOMO: será que eu tenho isso?

Responda rapidamente:

- Quanto tempo você consegue ficar sem olhar o seu celular?
- Você o deixa em cima da mesa durante as refeições, e a todo momento sente o impulso de olhar a tela para não perder o que pode estar acontecendo?
- O celular está sempre virado para cima, e assim que a luz acende, você verifica o que é?
- Você usa um relógio que apita ou vibra quando qualquer mensagem chega, e não resiste em verificar, afinal, pode ser algo muito importante?
- Você tem receio de perder alguma informação, *post* ou qualquer coisa compartilhada nas redes sociais ou na internet?

Se você se viu em alguma destas situações, fique atento, pois você pode estar incluído nesta sigla chamada "FOMO".

Afinal, o que é FOMO?

FOMO é a sigla para *Fear Of Missing Out*, que em português pode ser traduzida como "Medo de Estar Perdendo Algo" ou "Medo de Perder uma Oportunidade".

Algumas pessoas vivem em um estado constante de conexão, e a possibilidade de se desconectar por alguma necessidade maior as deixa ansiosas.

FOMO é um termo usado para descrever a sensação de ansiedade ou inquietação que as pessoas podem sentir quando pensam que estão perdendo algo interessante, divertido ou importante que está acontecendo no momento, especialmente em suas redes sociais ou eventos sociais.

Esse fenômeno está frequentemente associado ao uso das redes sociais, nas quais as pessoas veem postagens sobre festas, eventos, viagens, conquistas e outras atividades aparentemente emocionantes de seus amigos e conhecidos. O FOMO pode levar as pessoas a se sentirem inadequadas, ansiosas ou preocupadas por não estarem participando desses eventos ou experiências percebidas como significativas.

O resultado?

O FOMO afeta o bem-estar emocional dessas pessoas, especialmente quando se torna uma preocupação constante e prejudica sua capacidade de aproveitar o momento presente.

Adolescentes que estão começando uma vida social mais independente muitas vezes sentem a necessidade de ficar constantemente conectados para não perder absolutamente nada e, mais importante, não se sentirem excluídos. Essa sensação pode gerar medo, dependência, desconforto, ansiedade e, não raro, baixa autoestima, principalmente quando se acham excluídos de algo.

É fundamental que os pais estejam atentos a isso, observando se seus filhos conseguem se desconectar do celular em momentos como conversas ou refeições em família, ou à noite, quando precisam dormir. Muitos adolescentes dormem com o celular na própria cama, o que é perigoso, além de inadequado para uma boa qualidade de sono.

E como lidar com quem tem FOMO?

Muitos adolescentes dormem com o celular na própria cama, o que é perigoso, além de inadequado para uma boa qualidade de sono.

A melhor abordagem é fortalecer as relações presenciais com amigos e família, onde as conversas acontecem sem a presença constante dos celulares. Quanto mais tempo passamos com bons amigos, menos tempo queremos passar grudados no celular.

Evitem também, sempre que possível, presentear os filhos com relógios digitais hiperconectados.

É fundamental lembrar a todos que as redes sociais muitas vezes retratam uma versão idealizada da vida das pessoas e nem sempre refletem a realidade completa. Portanto, é crucial manter uma perspectiva equilibrada e não se deixar consumir pelo medo de estar perdendo algo.

13

Eletrônicos podem causar miopia em crianças e adolescentes?

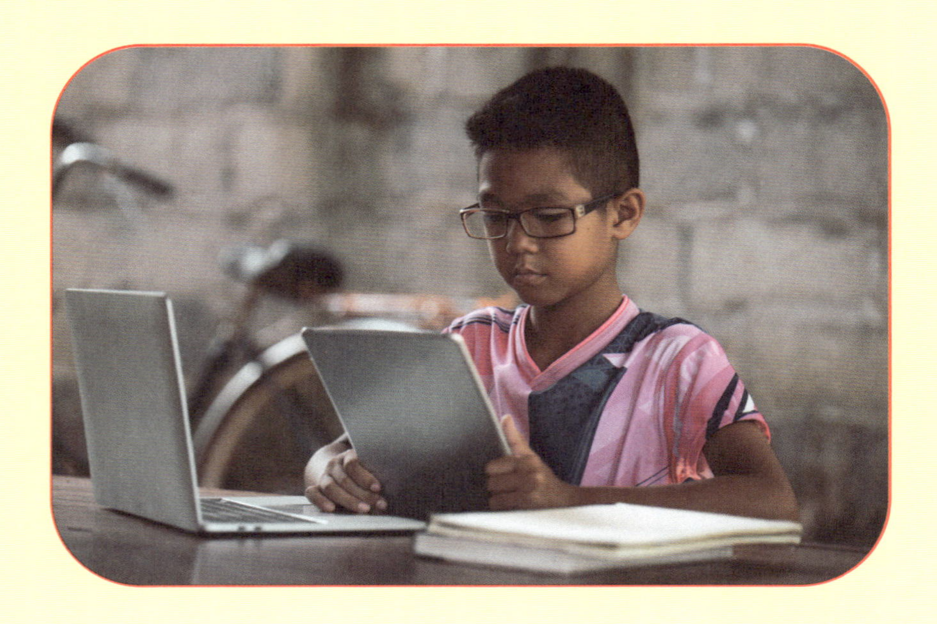

Imagine uma criança ou um adolescente em fase de crescimento. O corpo inteiro passa por transformações rápidas e impressionantes. Todos os órgãos crescem em uma ordem e organização notáveis. Interessante é que, enquanto crescem, continuam a executar suas funções vitais, essenciais para um desenvolvimento adequado e saudável. Se os músculos não são utilizados, enfraquecem. Exercícios os fortalecem.

O mesmo ocorre com os olhos. Precisamos enxergar o mundo ao nosso redor, piscar e exercitar os olhos. Olhar para o horizonte e focar em algo distante, depois voltar para algo próximo, envolve movimentos rápidos e eficientes dos olhos para uma visão nítida. Esse é o exercício diário proporcionado pelo mundo em várias dimensões. No entanto, as telas eletrônicas chegaram para transformar essa realidade, tornando-a virtual.

Quando estamos diante de uma tela, os olhos focam sempre na mesma distância, sem movimento em profundidade. Os olhos são menos exercitados do que no mundo real, o que pode prejudicar seu desenvolvimento, especialmente na infância e adolescência. Resultado: quem usa muitas telas, sem pausas para focar o horizonte, pode desenvolver miopia.

O que é miopia?

A miopia, ou visão curta, é uma condição oftalmológica em que o olho não consegue focar corretamente objetos distantes, resultando em visão embaçada. A prevalência aumenta, principalmente em crianças e jovens.

A miopia pode ter componentes genéticos, mas fatores ambientais também desempenham papel crucial. Durante a pandemia de Covid-19, com a alta do uso de telas para aulas online, estudos mostraram um aumento significativo da miopia entre os jovens em todo o mundo. Por outro lado, crianças que passaram mais tempo ao ar livre e menos tempo com as telas tiveram menor probabilidade de desenvolver miopia.

Causas do aumento da miopia relacionada ao uso de telas

1. **Menos tempo ao ar livre:** o uso excessivo de telas frequentemente significa menos exposição à luz natural, prejudicando o controle do crescimento ocular e aumentando o risco de miopia.

2. **Foco prolongado em objetos próximos:** horas dedicadas à leitura ou aos jogos em dispositivos eletrônicos envolvem constante concentração em objetos próximos, esforçando o sistema visual e contribuindo para o desenvolvimento da miopia.

> Além da miopia, o uso prolongado de telas também pode causar olho seco, pois a redução no número de piscadas compromete a lubrificação natural dos olhos. Isso pode levar a desconforto e aumentar a suscetibilidade a alergias e infecções oculares.

Dicas para reduzir o impacto das telas na saúde ocular

1. **Mais tempo ao ar livre:** incentivar as crianças a passar mais tempo sob a luz solar.
2. **Limitar o tempo de tela:** estabelecer limites diários para o uso de dispositivos eletrônicos.
3. **Ergonomia:** observar a postura e incentivar posturas adequadas durante o uso de telas.
4. **Pausas regulares:** ensinar a fazer pausas a cada 20 minutos para descansar os olhos.
5. **Exames oftalmológicos regulares:** detectar e gerenciar a miopia precocemente.

CONCLUSÃO

- O aumento da miopia em crianças devido ao uso de telas é um caso de saúde pública que exige atenção.
- Embora a tecnologia seja parte fundamental da vida moderna, é crucial equilibrá-la com medidas que promovam a saúde ocular.
- A conscientização sobre os riscos e a implementação de estratégias preventivas são essenciais para garantir que as futuras gerações desfrutem de uma visão saudável e uma melhor qualidade de vida.

14

Dormir com eletrônicos pode afetar a qualidade do sono?

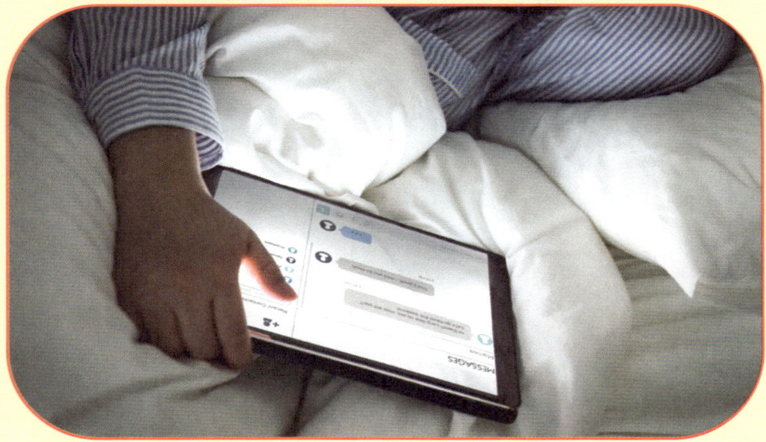

O celular parece ter se tornado uma extensão do nosso corpo, acompanhando-nos até mesmo na cama. Já entrou no quarto do seu filho à noite e o viu dormindo com o celular, tablet ou até mesmo o computador entre os lençóis?

Os eletrônicos podem realmente afetar a qualidade do sono?

Vamos entender por que todos nós deveríamos dar um tempo dos eletrônicos na hora de dormir.

O sono é crucial para a saúde física e mental. Uma boa noite de sono nos deixa mais revigorados, graças ao descanso mental e físico. Durante o sono, nossas células, especialmente os neurônios, se reorganizam e preparam para as atividades do dia seguinte.

É importante que as pessoas durmam uma média de 8 horas por noite, e os adolescentes precisam de cerca de 9 horas para estar completamente revigorados. Algo desafiador nos dias atuais, principalmente devido aos eletrônicos.

Desligar esses dispositivos antes de dormir é difícil, e mentalmente "desligar-se" é ainda mais desafiador. Muitas pessoas vão para a cama com aparelhos que emitem luz forte nos olhos. Essa luz é interpretada pelo organismo como luz do dia, inibindo a produção do hormônio essencial para o sono, a melatonina. Isso interfere no início do sono.

Muitas pessoas vão para a cama com aparelhos que emitem luz forte nos olhos. Essa luz é interpretada pelo organismo como luz do dia, inibindo a produção do hormônio essencial para o sono, a melatonina.

Além disso, atividades em dispositivos eletrônicos, como jogos, redes sociais e vídeos, podem ser envolventes e estimulantes, tornando difícil desligar e relaxar antes de dormir.

Como resultado, muitas crianças e adolescentes acabam indo dormir muito tarde, sacrificando horas preciosas de sono e enfrentando a privação crônica do sono. Isso tem consequências graves:

- **Problemas de aprendizado:** a falta de sono prejudica a concentração e o aprendizado, afetando o desempenho acadêmico.
- **Problemas de saúde física e mental:** a privação do sono aumenta o risco de obesidade, diabetes, depressão e ansiedade em jovens, sendo fundamental para o ritmo de crescimento.
- **Irritabilidade e problemas comportamentais:** a falta de sono resulta em irritabilidade, impulsividade e problemas comportamentais, afetando relacionamentos com colegas e familiares.

Muitos adolescentes exaustos tentam compensar com um cochilo à tarde. Contudo, luz, calor e barulho diurnos não proporcionam o ambiente adequado para um sono reparador. O cochilo não compensa as horas perdidas à noite.

O que podemos fazer?

Para combater a privação do sono relacionada aos eletrônicos, pais, educadores e jovens podem adotar estratégias eficazes:

- **Desconectar-se 1 hora antes de dormir:** estabelecer limites diários para o uso de eletrônicos e desligá-los uma hora antes de dormir. Evitar verificar as redes sociais durante a noite.
- **Promover um ambiente de sono saudável:** criar quartos escuros, confortáveis e livres de eletrônicos, se possível.
- **Estabelecer uma rotina de sono:** definir e implementar uma rotina consistente de sono, com horários regulares para dormir e acordar.
- **Conversar sobre o impacto da privação de sono:** educar as crianças e os adolescentes sobre os efeitos da privação do sono e a importância de um sono saudável.

- Reconhecer a relação entre eletrônicos e a privação do sono é crucial.
- Ao adotar estratégias de mitigação, podemos garantir que esses dispositivos enriqueçam a vida dos jovens sem comprometer sua qualidade de sono e bem-estar.

Inteligência Artificial (IA) como ferramenta de ensino: prós e contras

Imagine o que ocorrerá se a escola pedir para seu filho escrever sobre "A Segunda Guerra Mundial e suas Consequências na Divisão Política do Mundo". Sem hesitar, ele recorre ao computador, pedindo à inteligência artificial que produza o texto, copia e cola, e em menos de 5 minutos a tarefa está pronta, garantindo-lhe uma nota 10.

Se aprovado ou não, muitos jovens recorrem a esse recurso e o consideram excelente, pois tudo é feito rapidamente e os resultados são excelentes. Contudo, a aquisição efetiva de conhecimento sobre este e outros temas é outra história, muitas vezes negligenciada no universo imediatista desses jovens. Priorizam aquilo que consideram essencial para suas vidas no momento ou no futuro próximo, de acordo com suas possíveis escolhas profissionais.

Embora as escolas busquem metodologias pedagógicas e ferramentas para desenvolver alunos mais críticos e capazes de elaborar diversos conteúdos, a realidade comportamental de muitos alunos e famílias muitas vezes entra em conflito com esses objetivos. A busca por resultados assertivos e imediatos frequentemente supera a ênfase na assimilação profunda de conhecimentos.

A inteligência artificial veio para ficar, e estamos, aos poucos, entendendo como devemos nos posicionar em relação aos seus prós e contras no cenário educacional, onde o aprendizado individual é insubstituível e essencial para uma vida produtiva.

Vantagens do uso da inteligência artificial nas escolas

Aceleração da pesquisa

- **Vantagem:** capacidade de acelerar a pesquisa, proporcionando acesso rápido a uma vasta quantidade de informações relevantes.
- **Observação:** a eficácia dessa vantagem depende da habilidade do aluno de elaborar, analisar e compreender criticamente as informações obtidas.

Correção de erros e aprimoramento da qualidade

- **Vantagem:** ferramentas de IA incorporadas a processadores de texto oferecem correção automática de gramática e ortografia, contribuindo para redações de maior qualidade.
- **Observação:** importante que os alunos compreendam os erros corrigidos e entendam o conteúdo produzido pela IA.

Melhora na colaboração e comunicação

- **Vantagem:** facilita a colaboração entre os alunos por meio de plataformas de compartilhamento de documentos.
- **Observação:** o uso deve ser direcionado para a eficiência colaborativa, não para a dependência excessiva.

Economia de tempo

- **Vantagem:** automatiza tarefas rotineiras, permitindo que os alunos se concentrem mais na pesquisa e no desenvolvimento de habilidades analíticas.
- **Observação:** o foco deve ser na aplicação dessas habilidades, não na mera economia de tempo.

A tecnologia da IA continuará a desempenhar um papel central na vida de todos. Integrar a IA positivamente nos trabalhos escolares, mantendo o foco na aquisição e elaboração de conhecimentos, é um desafio instigante que os estudantes de hoje enfrentam.

Desafios do uso da inteligência artificial nas escolas

Falta de compreensão aprofundada

- **Desafio:** risco de os alunos evitarem compreender profundamente o conteúdo, tornando-se especialistas em ferramentas em vez de absorver conhecimento.
- **Observação:** a aprendizagem genuína requer esforço pessoal e compreensão crítica.

Dependência excessiva

- **Desafio:** uso constante pode tornar os alunos excessivamente dependentes, prejudicando habilidades cruciais como pensamento crítico e pesquisa independente.
- **Observação:** a automação não deve limitar a capacidade pessoal de aprendizado.

Risco de plágio

- **Desafio:** facilita o plágio ao permitir que alunos copiem e colem informações sem compreender o conteúdo.
- **Observação:** compromete a integridade acadêmica e a verdadeira aprendizagem.

Individualização e isolamento

- **Desafio:** risco de experiências de aprendizado isoladas, prejudicando a interação social e a colaboração com colegas.

- **Observação:** a interação social é crucial para o crescimento pessoal e acadêmico.

Desconexão entre conhecimento e habilidades práticas

- **Desafio:** foco excessivo na aquisição de conhecimento teórico pode resultar em dificuldades para aplicar esse conhecimento na prática.
- **Observação:** a IA deve ser usada para enriquecer habilidades práticas, não apenas conhecimento teórico.

⚠ CONCLUSÃO

Em resumo, apesar do potencial da inteligência artificial na educação, é vital reconhecer os desafios associados ao seu uso.

Educadores, alunos e pais devem estar cientes dessas desvantagens para garantir uma integração equilibrada e responsável da IA na sala de aula, mantendo o foco no aprendizado profundo e significativo.

16

O uso de eletrônicos altera a capacidade de leitura complexa e profunda?

Você está imerso em um livro que narra a história de um mágico melancólico incapaz de realizar suas mágicas. Ele é alto, magro, de cabelos brancos e longos, com uma barba que se estende até a barriga. Vestindo um roupão roxo, ele segura uma varinha vermelha. Visualizou esse mágico, não é mesmo? No entanto, cada leitor criou uma versão única do mágico com base na mesma descrição. A leitura possui o poder de estimular nossa imaginação mais profunda e de acionar diversas áreas de nosso cérebro como uma orquestra afinada.

Agora, pegue um dispositivo eletrônico e assista a mesma história. O mágico é o mesmo para todos que o veem. Embora nossa imaginação seja estimulada, ela se manifesta de forma diferente, com intensidade distinta.

A revolução digital deste século transformou drasticamente a maneira como as crianças e adolescentes interagem com o mundo. O uso generalizado de dispositivos eletrônicos, como smartphones, tablets e computadores, provocou debates sobre seu impacto na capacidade de compreensão de leitura profunda entre os jovens.

A revolução digital deste século transformou drasticamente a maneira como as crianças e adolescentes interagem com o mundo.

O mundo se tornou mais acelerado, e a impaciência tornou-se uma característica comum. Queremos tudo instantaneamente. Estudos indicam que nossa capacidade de atenção e concentração diminuiu consideravelmente. Influenciadores digitais destacam a importância de transmitir informações cruciais nos primeiros 60 segundos de um vídeo, pois após esse período a atenção diminui. Os dedos ágeis pulam para a próxima informação devido à vasta quantidade disponível.

Crianças e adolescentes agora têm acesso a uma ampla variedade de conteúdos em dispositivos eletrônicos, oferecendo informações instantâneas, entretenimento envolvente e ferramentas educacionais.

Será que o uso excessivo de dispositivos eletrônicos pode ter impactos negativos na capacidade de compreender leituras mais complexas e profundas?

Vamos explorar as razões por trás desse possível fenômeno.

A leitura de textos complexos exige concentração. Para compreender um livro de filosofia, uma poesia clássica ou uma lei da física, é necessário foco. Adolescentes em fase de aprendizado precisam ser expostos a textos desafiadores para os quais não há equivalência em plataformas digitais.

A obra de Castro Alves, *O Navio Negreiro*, é um exemplo. A grandiosidade dessa obra só pode ser apreciada por meio da leitura. Nossos adolescentes devem compreender a importância de se exercitar intelectualmente, concentrando-se em textos que exigem uma leitura profunda para revelar sua verdadeira dimensão.

O uso de eletrônicos pode prejudicar essa forma de aprendizado, e é crucial evitar que os seguintes impactos negativos afetem a leitura profunda:

- **Distrações constantes:** notificações de mensagens, redes sociais e aplicativos podem interromper a concentração e dificultar a imersão na leitura profunda.

- **Redução do tempo de leitura tradicional:** o tempo dedicado à leitura de livros e textos longos pode diminuir à medida que as crianças passam mais tempo em dispositivos eletrônicos.

- **Hábitos de leitura superficiais:** o consumo de conteúdo breve pode promover uma mentalidade de leitura superficial e indisposição para textos mais extensos.

Entretanto, é vital destacar que a capacidade de entender leituras complexas não está intrinsicamente ligada ao uso de eletrônicos. Essa habilidade depende de fatores que precisam ser incentivados:

- **Hábitos de leitura:** incentivar a leitura regular pode fortalecer as habilidades de compreensão.
- **Educação e orientação:** pais e educadores desempenham papel crucial ao promover a leitura profunda e auxiliar na interpretação de textos complexos.

- **Diversidade de conteúdo:** a exposição a diferentes gêneros literários amplia a capacidade de compreensão e enriquece o vocabulário.
- **Tempo e paciência:** a leitura profunda requer reflexão e análise, demandando tempo e paciência.

CONCLUSÃO

- O uso de eletrônicos por crianças e adolescentes é uma realidade inevitável na era digital.
- Apesar dos impactos negativos potenciais na leitura profunda, também há benefícios.
- O equilíbrio entre o uso de dispositivos eletrônicos e estratégias que promovam a leitura profunda, o pensamento crítico e a interpretação de textos complexos é a chave.
- A compreensão profunda é uma habilidade essencial que pode ser cultivada com orientação adequada e prática constante.
- O desafio reside em tirar o máximo proveito dos dispositivos eletrônicos sem comprometer a capacidade de compreensão de leitura profunda nas gerações mais jovens.

17

Quais as regras de uso "educado" de eletrônicos que devemos transmitir aos filhos?

Certamente, você já se deparou com aquela pessoa que, em locais públicos como restaurantes ou salas de espera, fala aos berros no celular, sem se importar com quem está ao seu redor.

Você desliga seu celular no cinema? Ou é daqueles que fica constantemente olhando as mensagens, com a luz que acende, incomodando quem está tentando aproveitar o filme? Pior ainda, a ansiedade para ver o aparelho é tanta que nem se percebe o quão irritante a luz pode ser.

Existe uma "etiqueta digital"?

Sim, existem regras básicas para o uso educado dos celulares, que nos possibilitam utilizá-los sem incomodar quem está à nossa volta.

Definitivamente, é desafiador ficar sem um celular que nos acompanha em todos os cantos. Eles se tornaram parte integrante de nossa existência, já que todos os aplicativos essenciais para viver atualmente estão ao alcance dos nossos dedos. Pagamos contas, chamamos carros, aprendemos caminhos, registramos momentos especiais com vídeos e fotos, ouvimos música, sabemos de tudo o que está acontecendo no mundo, conversamos com amigos e família, e muito mais.

Entretanto, para que todas essas atividades possam ocorrer com paz e tranquilidade para todos, é importante saber como utilizar o celular educadamente. Sim, vamos nos conectar, mas com responsabilidade e respeito ao outro.

> O uso não educado do celular pode afetar nossos relacionamentos pessoais e profissionais, além do nosso bem-estar mental. Portanto, é fundamental adotar um comportamento equilibrado e consciente em relação ao seu uso.

Dicas que podem ajudar vocês, pais, a dar o exemplo para seus filhos

Tenham consciência do ambiente e do momento

- Esteja ciente do ambiente e do momento em que você se encontra.
- Desligue ou silencie o celular em situações sociais e públicas, como reuniões de trabalho, jantares em família, cinemas, teatros, shows e aulas.
- Não fale alto no celular em locais públicos.
- Evite incomodar as pessoas com a luz do seu celular.

Estabeleça limites de tempo

- Jamais mande mensagens de trabalho fora do horário comercial.
- Respeite o horário de descanso dos outros, evitando mensagens não urgentes antes das nove horas da manhã ou depois das seis horas da tarde.
- Defina períodos específicos para verificar e responder a mensagens, e-mails ou redes sociais.

Cuidado com o conteúdo de suas mensagens

- Evite compartilhar informações pessoais íntimas.
- Seja cauteloso ao discutir tópicos sensíveis.
- Evite mensagens longas e o envio excessivo de áudios, especialmente no ambiente de trabalho.

Priorize sempre as relações humanas

- Não substitua conversas presenciais por mensagens de texto ou videochamadas.
- Dedique tempo de qualidade às pessoas que você ama.
- Evite levar o celular para a mesa quando estiver com amigos ou família.

Segurança e privacidade

- Respeite a privacidade dos outros ao compartilhar fotos, vídeos ou informações sobre eles.
- Peça permissão sempre que tal compartilhamento for necessário.

CONCLUSÃO

- O celular se tornou uma parte integral de nossas vidas, e usá-lo com educação é fundamental para garantir que seja uma ferramenta útil.
- A conscientização do ambiente, a definição de limites, a etiqueta digital, a priorização das relações humanas e a segurança online são aspectos essenciais do uso educado do celular.
- Ao adotar essas práticas, podemos desfrutar dos benefícios da tecnologia móvel sem comprometer nossa qualidade de vida e nossos relacionamentos.
- A educação no uso do celular é um investimento em sua própria saúde, bem-estar e nas relações com aqueles ao seu redor.

Existe vício em videogame?

Muitos pais se desesperam com seus filhos adolescentes que passam o dia – e/ou boa parte da noite – com os olhos grudados em uma tela eletrônica, os dedos rápidos correndo pelas teclas ou botões, absorvidos em uma dimensão virtual, jogando sem querer pensar em parar e sem ouvir os insistentes pedidos ou apelos para que parem.

Necessidades básicas como comer, ir ao banheiro, sair para socializar presencialmente com alguém ou se distrair com outras atividades são dificultadas ou impossibilitadas ante a obsessão em jogar.

Pois é. Esse comportamento tem o nome em inglês de "*Gaming Disorder*" e já foi incluído, pela Organização Mundial de Saúde, na 11ª Classificação Internacional de Doenças (CID), como um problema de saúde mental.

> Os jogos eletrônicos são feitos com o intuito de promover momentos de descontração e lazer. Há jogos para todas as idades, geralmente com este objetivo. No entanto, há os que exageram e passam muito tempo na frente das telas.

Como saber quais são os limites toleráveis? Como identificar os que ultrapassam estes limites e podem ser classificados e considerados com "*gaming disorder*"?

Não há exames laboratoriais ou de imagem que apontem quais crianças, adolescentes ou adultos são portadores desta condição.

O diagnóstico, portanto, é essencialmente clínico e observacional e os sinais, segundo a OMS, são os seguintes:

- Jogar de forma persistente, com um padrão de recorrência e intensidade de tempo que interferem negativamente na execução de atividades diárias como ir à escola, dormir, estudar ou socializar com a família ou amigos, por exemplo.
- Este padrão de comportamento deve ser severo o suficiente para *comprometer* os relacionamentos pessoais, sociais, familiares, educacionais ou ocupacionais.
- A duração destes "sinais" deve ser evidente por pelo menos 12 meses.

Para que uma pessoa seja considerada com "*gaming disorder*" ou "obsessão por games" é necessário que cumpra todos os critérios citados. Por isso, a própria OMS acredita que, no mundo, apenas algo em torno de 3% dos que jogam com frequência têm, de fato, obsessão por games.

Quais seriam as razões que levam uma pessoa a ter esta obsessão por videogames?

O vício em videogames e eletrônicos tem suas raízes na natureza envolvente e gratificante dos jogos eletrônicos e, claro, na facilidade de acesso a esses dispositivos.

Fatores que contribuem para a obsessão por usar games

- **Liberação de neurotransmissores que dão a sensação de prazer:** muitos jogadores apresentam uma desorganização na liberação de neurotransmissores como a dopamina, por exemplo, que dá a sensação de prazer. Em consequência, passam a associar o jogo ao prazer. Com o tempo, ficam dependentes desta sensação e parar de jogar torna-se uma dificuldade cada vez maior.

- **Recompensas imediatas:** os jogos frequentemente oferecem recompensas instantâneas na forma de pontos, conquistas ou itens virtuais, ativando o sistema de recompensa do cérebro.
- **Comunidade online:** a possibilidade de interagir com outros jogadores online pode criar laços sociais fortes e incentivar a participação contínua, principalmente de adolescentes que, no mundo presencial, se sentem excluídos da turma.
- **Fuga de problemas:** o vício pode ser um meio de escapar de problemas da vida real, como estresse, ansiedade e depressão.
- **Mundo virtual gratificante:** os jogos muitas vezes proporcionam aos jogadores um senso de controle, sucesso e conquista que pode ser ausente na vida cotidiana.

Quais seriam os impactos do vício em videogames para adolescentes e suas famílias?

O vício em videogames e eletrônicos pode ter uma série de impactos negativos na vida das pessoas, dentre eles se destacam:

- **Problemas de saúde física:** o excesso de tempo gasto em frente às telas pode levar a problemas de saúde, como obesidade, problemas de visão como miopia (ver Capítulo 13) e sedentarismo.
- **Problemas de saúde mental:** a dependência de jogos pode intensificar o risco de ansiedade, depressão e isolamento social. Os adolescentes entram em um ciclo desafiador no qual o jogo inicialmente parece ser uma solução para a sensação de solidão. No entanto, à medida que jogam mais, experimentam maior solidão na vida real, o que, por sua vez, contribui para o aumento da ansiedade e depressão, impulsionando-os a se envolverem ainda mais no jogo.

- **Prejuízo nas relações pessoais:** o vício pode gerar tensões nas relações familiares e sociais devido à negligência de obrigações e interações humanas. Adolescentes recusam-se a participar de reuniões familiares, festas, encontros ou de qualquer outra atividade com pessoas, incluindo alguns amigos, fora do contexto do jogo. Isso causa estresse e mais isolamento, prejudicando a oportunidade de diálogos que poderiam auxiliá-los a sair desse ciclo.
- **Baixo desempenho escolar e profissional:** O vício pode prejudicar o desempenho acadêmico e profissional da pessoa com *gaming disorder*. Essas pessoas, principalmente adolescentes, têm a tendência de permanecer jogando até altas horas da madrugada ou passar a noite sem dormir, o que resulta em uma significativa redução no rendimento escolar. A privação de sono os torna mais irritados, ansiosos e incapazes de cumprir uma rotina de atividades saudáveis, como praticar esportes ao ar livre, por exemplo.

O que podemos fazer quando um adolescente dá sinais de estar dependente ou já estar viciado em games?

- **Converse com seu filho e procure ajuda profissional:** isso é muito importante. Tente convencê-lo de que existe um problema que está impactando sua vida e que vocês vão encarar esse problema juntos. Esse é o primeiro passo. Procure uma ajuda profissional para receber orientações adequadas. Evite ouvir conselhos não embasados em conhecimento profissional sobre o assunto ou tomar atitudes passionais ou repressoras que geralmente não apresentam resultado efetivo.
- **Terapia e aconselhamento:** a terapia, especialmente a terapia cognitivo-comportamental, pode ser eficaz no tratamento do vício em videogames e eletrônicos.

- **Estabeleça limites:** converse com seu filho e procurem definir limites de tempo e local para o uso de dispositivos eletrônicos. Respeitem esses limites rigorosamente.
- **Busque apoio social:** compartilhe seus desafios com amigos de confiança ou familiares que possam oferecer apoio para vocês nesse momento.
- **Diversificação de atividades:** procure envolver seu filho em outras atividades que tragam satisfação, como esportes, *hobbies*, ou trabalho voluntário.
- **Fóruns de apoio:** existem comunidades online de apoio para aqueles que lutam contra o vício em videogames e eletrônicos. Participar dessas comunidades pode oferecer apoio adicional. Ajude a promover a educação sobre o uso responsável de dispositivos eletrônicos nas escolas, comunidades e famílias.

CONCLUSÃO

- O vício em videogames e eletrônicos é um problema crescente e requer atenção.
- Reconhecer os fatores que contribuem para o vício e seus impactos negativos é fundamental.
- Com a conscientização, o apoio adequado e a implementação de estratégias de mitigação, é possível recuperar o controle sobre o uso de dispositivos eletrônicos e reconstruir uma vida equilibrada e saudável.
- É importante lembrar que a tecnologia é uma ferramenta poderosa, e seu uso deve ser regulado de forma a beneficiar o bem-estar global.
- Equilíbrio. Esta é a palavra mágica que deve nos acompanhar pela vida.

19

O uso de redes sociais pode gerar mais ansiedade e/ou depressão?

Atenção aos perfis das redes sociais das pessoas: todos postam suas melhores fotos, o melhor cabelo, a roupa mais descolada, o lugar mais incrível e o prato mais exótico, destacando todos os atributos maravilhosos que cada um possui. Todos parecem super-heróis e heroínas, infalíveis e perfeitos.

Contudo, em sua realidade humana, cheia de contradições, dúvidas, frustrações e queixas naturais e pertinentes a todos nós, ao se deparar com o amigo super-herói, sua autoestima instantaneamente despenca.

A geração atual de crianças e adolescentes cresceu imersa na era digital. Dispositivos eletrônicos, redes sociais e jogos online fazem parte integrante de suas vidas, proporcionando acesso a um mundo virtual rico em informações e entretenimento.

Embora essa imersão proporcione um universo de entretenimento e conhecimento, ela também apresenta desafios significativos

para a saúde mental dos jovens. Estudos apontam claramente a relação entre o maior uso de eletrônicos e o aumento da ansiedade e depressão na infância e adolescência.

Quais seriam os fatores que contribuem para o aumento da ansiedade e depressão com o uso de eletrônicos?

- **Isolamento social:** embora os eletrônicos conectem as pessoas virtualmente, também podem levar ao isolamento social no mundo real, à medida que as interações pessoais diminuem. Isso forma um ciclo onde o uso de eletrônicos leva a um maior isolamento social, que por vez conduz ao aumento da solidão, alimentando ainda mais o uso de eletrônicos.
- **Comparação social:** as redes sociais frequentemente incentivam a comparação com os outros, levando à insatisfação com a própria vida. A dificuldade de se considerar imperfeito em um ambiente onde todos parecem perfeitos dificulta a aceitação no grupo.
- **Exposição a conteúdo perturbador:** o acesso indiscriminado à internet pode expor os jovens a conteúdo violento, perturbador ou prejudicial. o excesso de exposição a esses conteúdos pode perturbar a saúde mental de jovens que estão em processo de transição do mundo infantil para o adulto.
- ***Cyberbullying:*** o anonimato e a distância proporcionados pela internet facilitam o *cyberbullying*, uma forma de agressão online que pode ser devastadora para a saúde mental, como explicado no Capítulo 11.
- **Vício em jogos e mídias sociais:** o vício em jogos online e redes sociais pode levar a uma falta de controle sobre o tempo gasto nessas atividades, resultando em isolamento social que pode comprometer a saúde mental dos jovens, conforme explicado mais detalhadamente no Capítulo 17.

- **Sono insuficiente:** o uso de eletrônicos antes de dormir pode prejudicar o sono, um fator crucial para a saúde mental. Jovens privados de sono ficam mais irritados, têm menor desempenho escolar e praticam menos esportes, favorecendo a obesidade e suas consequências na vida adulta.

Assim, o aumento da ansiedade e depressão entre crianças e adolescentes é uma preocupação crescente não só dos pais, mas também de todos os profissionais que lidam com jovens. Os transtornos mentais podem ter um impacto decisivo no desenvolvimento, na saúde e no futuro destes jovens. Portanto, é um problema para todos nós.

Como reconhecer os principais sinais de ansiedade ou de depressão entre os jovens?

- **Sintomas ansiosos:** crianças e adolescentes com sintomas de ansiedade demonstram preocupações excessivas, inquietação, tensão, irritabilidade, medos, tendência ao isolamento e distúrbios alimentares como fome excessiva ou recusa para comer.
- **Sintomas depressivos:** a depressão pode se manifestar como tristeza profunda, falta de interesse em atividades, alterações de sono e apetite, falta de higiene pessoal, tendência ao isolamento no próprio quarto, recusa para sair de casa e baixo rendimento escolar.
- **Risco de comportamento autodestrutivo:** a ansiedade e a depressão podem levar a comportamentos autodestrutivos, como automutilação (as pessoas se cortam ou se queimam). Podem expressar também ideias suicidas, o que é uma preocupação crescente nesse grupo etário. Jamais menospreze quando um jovem diz que pensa em tirar sua própria vida. Procure ajuda profissional imediatamente.

- **Declínio no desempenho acadêmico:** A saúde mental afetada pode prejudicar o desempenho acadêmico e a participação em atividades extracurriculares. Jovens que iam bem e tinham prazer em estudar com amigos, de repente largam os estudos, não querem ir para a escola e seu rendimento escolar fica muito comprometido.

O que podemos fazer para ajudar os jovens com sinais de ansiedade e depressão?

Qualquer desequilíbrio observado em relação à saúde mental de crianças e adolescentes merece ser tratado por um profissional especializado, dada a complexidade da abordagem. Embora os eletrônicos não sejam a única causa, eles têm uma relação causal pertinente e plausível, cientificamente demonstrada em estudos bem conduzidos.

Para mitigar o aumento da ansiedade e depressão relacionado ao uso de eletrônicos, é necessário adotar abordagens multidisciplinares, envolvendo famílias, educadores e profissionais de saúde mental.

Pais e responsáveis, no entanto, podem contribuir com ações simples e eficazes:

- **Educação digital:** ensine seus filhos desde pequenos a utilizarem eletrônicos com responsabilidade e educação. Conversem frequentemente sobre os riscos associados e as estratégias de enfrentamento. Monitore o uso de eletrônicos e esteja ciente das atividades online de seus filhos.
- **Limites de tempo:** estabelecer limites diários para o uso de eletrônicos é essencial. Combine isso com seus filhos e siga rigorosamente o combinado, especialmente antes de dormir. Evite a utilização de eletrônicos pelo menos 1 hora antes de dormir, para melhorar o sono e reduzir a exposição a conteúdo perturbador.

- **Comunicação aberta:** converse sempre e esteja atento aos filhos. Incentive o diálogo aberto sobre questões relacionadas à saúde mental, reduzindo o estigma associado à ansiedade e depressão.
- **Apoio profissional:** não hesite em procurar ajuda profissional ao primeiro sinal de que algo não vai bem com eles. Converse com profissionais para receber as orientações mais adequadas a cada caso.
- **Atividades sociais e físicas:** promova atividades sociais e físicas que incentivem interações interpessoais e o bem-estar emocional. Incentive a participação em esportes em equipe para fomentar relações e amizades presenciais.

⚠ CONCLUSÃO

O uso de eletrônicos entre crianças e adolescentes é uma realidade inegável, e seu impacto na saúde mental é um desafio urgente.

A ansiedade e a depressão representam sérios riscos, e é crucial que a sociedade aborde essas questões de maneira aberta e colaborativa.

Com educação, apoio e intervenções adequadas, podemos ajudar a próxima geração a equilibrar as vantagens da era digital com sua saúde mental, garantindo um futuro mais brilhante e saudável.

Você ou a tecnologia: quem domina quem?

Você já esqueceu o celular em casa ou em algum lugar?

Qual sensação você teve?

Sentiu-se impelido a ir imediatamente resgatá-lo?

Pois bem, vivemos em uma era em que a tecnologia exerce um domínio cada vez mais profundo sobre nossas vidas. A onipresença da tecnologia e a rápida evolução das inovações estão moldando nossos comportamentos, valores e até mesmo a forma como vemos o mundo.

A revolução tecnológica, que se iniciou no final do século XX com o advento da internet, tem sido uma força motriz que cresceu, avolumou-se e passou a dominar a vida de muitas pessoas. A proliferação de dispositivos eletrônicos, como smartphones, tablets e

computadores, permite o acesso a uma vasta quantidade de informações e serviços, promovendo um nível de conectividade sem precedentes na história humana.

Comprar um aparelho de última geração, para muitas pessoas, traz alegria, contentamento, sensação de vitória e status social. Usar esse aparelho nos conecta ao mundo inteiro e ainda por cima nos faz liberar dopamina, o neurotransmissor do prazer. Quem consegue ficar de fora?

> **Ficar sem tecnologia é impossível.**

Ficar sem tecnologia é impossível. Vamos em frente nesse mundo. Esse é o único e melhor caminho. No entanto, para trilharmos esse caminho em paz e aproveitando tudo o que tem de melhor, vale sempre uma análise de seus pontos positivos e dos desafios que temos que enfrentar. E cada um acha seu ponto de equilíbrio.

Quais seriam os principais aspectos positivos do mundo tecnológico?

- **Conectividade global:** a tecnologia nos permitiu superar barreiras geográficas, conectando pessoas de diferentes partes do mundo em tempo real. Isso possibilita colaboração, compartilhamento de ideias e conhecimentos em uma escala sem precedentes. Isso é fantástico e colabora essencialmente com o aumento do conhecimento humano em uma dimensão nunca experimentada. Evoluímos mais rápido e de forma intensa.

- **Acesso à informação:** a tecnologia democratizou o acesso à informação. As pessoas têm à disposição uma riqueza de conhecimento que antes estava confinada a bibliotecas e instituições acadêmicas. Todos podem saber tudo o que quiserem com apenas alguns cliques e interesse sobre um assunto. O mundo fica mais próximo e muito mais acessível a todos os humanos.
- **Eficiência e produtividade:** a tecnologia melhorou a eficiência e a produtividade em todos os domínios profissionais. Ferramentas digitais e automação simplificam tarefas e permitem um melhor gerenciamento de tempo. Teoricamente, pelo menos, isso faria sobrar mais tempo para o lazer, tornando a vida mais fácil e prazerosa. Só que isso nem sempre acontece e, ao contrário, parece que estamos sem tempo para nada. Mas isso tem a ver essencialmente conosco e com nossa forma de gerenciar um tempo que a tecnologia poderia nos dar.
- **Saúde e bem-estar:** a tecnologia tem desempenhado um papel crucial na melhoria da saúde e do bem-estar. Aplicativos de saúde e dispositivos de monitoramento ajudam as pessoas a cuidarem de sua saúde de forma mais eficaz. Hoje, podemos resolver muitos de nossos problemas de saúde online, com uma consulta, por exemplo. Também passamos a entender muito mais sobre nossas necessidades de saúde graças ao conhecimento que as plataformas propagam em suas redes.

Estes são apenas alguns dos pontos positivos, suficientes para pensarmos e ponderarmos sobre o tema.

Desafios que enfrentamos com o domínio tecnológico em nossas vidas

- **Isolamento social:** embora a tecnologia tenha o potencial de conectar pessoas, o uso excessivo de dispositivos eletrônicos também pode levar ao isolamento social, à medida que as interações pessoais diminuem. Esse isolamento social, por sua vez, tem sido apontado como uma das causas dos crescentes índices de ansiedade e depressão, principalmente entre os mais jovens. Isso é uma preocupação de saúde pública no mundo inteiro nos dias de hoje.

- **Privacidade e segurança:** a crescente quantidade de dados pessoais que compartilhamos online levanta preocupações sobre privacidade e segurança. Há riscos de violações de dados e uso indevido de informações pessoais. Nudes, *sexting*, fotos inadequadas não autorizadas, *cyberbullying, haters, fake news*; tudo isso surgiu neste mundo tecnologicamente conectado e tem o poder de afetar de maneira devastadora a saúde física e o bem-estar mental de muitas pessoas.
- **Desigualdade digital:** nem todos têm igual acesso à tecnologia. Isso cria disparidades digitais que podem exacerbar desigualdades sociais e econômicas. Este fato evidenciou-se na pandemia, quando boa parte das crianças ficou com aulas online. Os menos favorecidos tiveram muita dificuldade para assimilar os conteúdos por falta de um dispositivo adequado.
- **Dependência e vício:** a dependência excessiva de tecnologia pode levar a vícios, afetando negativamente a saúde mental e o equilíbrio na vida das pessoas. Como já dissemos, jogos e redes sociais, por exemplo, nos fazem liberar dopamina, que é um neurotransmissor que dá a sensação de prazer. A dependência e o vício em games foram incluídos pela Organização Mundial de Saúde como um distúrbio de saúde mental.

Quem domina quem?

Cada um deve achar seu ponto de equilíbrio. Sim, a busca pelo equilíbrio consciente depende dos referenciais próprios de cada um.

A tecnologia certamente tem e terá, para sempre, um papel essencial em nossas vidas. Mas não deve ter um papel vital. Há um limite. E este limite deve ser definido por cada um de nós. Talvez esse seja um dos ensinamentos mais complexos que vocês, pais, devem passar para seus filhos neste mundo contemporâneo.

Não há regras escritas ou pré-determinadas. Há conhecimento e informações preciosas que se atualizam a cada dia e que devem ser assimiladas para que o entendimento dos fatos, o raciocínio lógico e o bom senso norteiem seus posicionamentos em relação à tecnologia e o domínio que ela pode exercer individualmente em cada um de vocês.

A busca pelo equilíbrio, portanto, entre o domínio da tecnologia e uma vida física e mentalmente saudável é essencial. Para isso, considero importante adotar práticas como o uso consciente da tecnologia, definir limites de tempo, promover o uso responsável e educado de mídias sociais e priorizar a qualidade das interações pessoais.

> O domínio que a tecnologia exerce nas pessoas é uma realidade inegável que transformou a forma como vivemos e interagimos com o mundo.

Embora ofereça inúmeras vantagens, também apresenta desafios significativos que exigem uma abordagem cuidadosa. A chave está em usar a tecnologia de forma consciente, equilibrada e responsável, garantindo que ela continue a ser uma ferramenta que aprimora nossas vidas e nossa sociedade, ao invés de dominá-las.

CONCLUSÃO

Espero que as reflexões contidas neste livro os ajudem a tomar decisões para orientar seus filhos em um mundo onde a tecnologia será uma presença inevitável e muito bem-vinda, desde que aprendamos a colocá-la em um patamar onde nós humanos nunca percamos o que há de mais interessante em nós: nossa capacidade de pensar, raciocinar, imaginar e criar novidades que possam tornar a vida melhor, mais igualitária, mais acessível, mais divertida, saudável e muito mais incrível para todos.

Dicas para leitura

A fábrica de cretinos digitais: Os perigos das telas para nossas crianças. Michel Desmurget. Editora Vestígio, 2021.

Desenvolvimento da criança. Sandra Josefi na Ferraz Ellero Grisi; Ana Escobar; Filumena Maria da Silva Gomes. Editora Atheneu, 2018.

Geração tecnológica: as mídias digitais na infância e adolescência. Katie Davis. Editora Manole, 2023.

iGen: por que as crianças superconectadas de hoje estão crescendo menos rebeldes, mais tolerantes, menos felizes e completamente despreparadas para a idade adulta. Jean M. Twenge. Editora: nVersos, 2018.

O cérebro na infância: Um guia para pais e educadores empenhados em formar crianças felizes e realizadas. Mariana Pedrini Uebel. Editora Contexto, 2022.

O cérebro no mundo digital: Os desafios da leitura na nossa era. Mary-anne Wolf. Editora Contexto, 2019.

Os novos desafios do cérebro: Tudo o que você precisa saber para cuidar da saúde mental nos tempos modernos. Leandro Teles. Editora Alaúde, 2020.

Índice Remissivo